可灵AI视频与AI绘画从入门到精通

黄文卿　于亮　梁峰慈◎著

化学工业出版社
·北京·

内容简介

本书是一本可灵AI应用的案例教程。书中通过大量案例，深入讲解了可灵AI绘画和短视频创建功能，以及与文心一言、豆包、即梦、剪映等其他AI工具联动的方法。

本书分为两篇，共10章。第1章～第5章为AI绘画篇，依次讲解了AI绘画和可灵AI的基本知识、提示词的写作、生图方式及实战、在绘画领域中的应用、在创意方面的应用等。第6章～第10章为AI视频篇，依次讲解了AI短视频的基本知识、可灵AI文生视频、可灵AI图生视频，以及可灵AI与其他AI工具联合创作等内容，最后介绍了可灵AI视频技术在商业设计中的应用，如制作电商动图、自媒体视频和动态绘本等。

本书适合作为AI技术爱好者的自学参考书，也适合内容创作者、AI行业从业者、教育工作者和学生阅读。

图书在版编目（CIP）数据

可灵AI视频与AI绘画从入门到精通 / 黄文卿，于亮，梁峰慈著. -- 北京 ：化学工业出版社，2025. 2.

ISBN 978-7-122-46949-6

Ⅰ. TP317.53

中国国家版本馆CIP数据核字第2024WW6889号

责任编辑：王婷婷　　封面设计：异一设计

责任校对：赵懿桐　　装帧设计：盟诺文化

出版发行：化学工业出版社（北京市东城区青年湖南街13号　邮政编码100011）

印　　装：天津裕同印刷有限公司

710mm×1000mm　1/16　印张$13^3/_4$　字数272千字　2025年2月北京第1版第1次印刷

购书咨询：010-64518888　　售后服务：010-64518899

网　　址：http://www.cip.com.cn

凡购买本书，如有缺损质量问题，本社销售中心负责调换。

定　　价：79.80元

PREFACE

前言

在科技日新月异的今天，人工智能（AI）正以前所未有的速度渗透到人们生活的方方面面。其中，AI在艺术创作领域的应用尤为引人注目。从最初简单的图像生成，到如今能够创作出富有感染力和个性的绘画作品，甚至参与视频的剪辑与创作，但如何使用AI生成高质量的图像和视频仍是令大多数人困扰的事情。

正是在这样的背景下，本书应运而生，旨在帮助用户通过可灵AI快速、轻松地制作高质量的图像和视频。可灵不仅为用户提供了一个简单、易用的平台，而且还通过其先进的人工智能技术为创作者们打开了无限的想象空间，用户只需输入相关的文案和提示词，即可生成具有各种风格和场景的高质量作品。

◎ 本书特色

从绘画到视频，全面剖析可灵AI的核心功能

本书重点介绍AI在图像和视频生成中的应用，通过“AI绘画”和“AI视频”两大篇章，详细解析可灵AI的功能与使用技巧，让读者能够快速上手并实现自己的创意和想法。

13大AI工具，轻松学习国内主流AI工具

本书介绍了可灵、文心一言、豆包、智谱清言、剪映等13种AI工具，详细分析了它们在不同领域的应用场景和功能特点，满足各方面的学习需求。

45个实战案例，手把手教你使用可灵AI

本书提供了45个实战案例，涵盖了AI绘图、AI视频生成、视频剪辑和商业制作等各个方面的内容。这些实战案例可以帮助读者快速掌握可灵AI的核心技能，并将其应用到实际生活和工作场景中。

◎ 特别提醒

版本更新：在编写本书时，是基于当前各种AI工具和软件界面截取的实际操作图片，但本书从编辑到出版需要一段时间，这些工具的功能和界面可能会有变

动，请在阅读时，根据书中的思路，举一反三，进行学习。

提示词：提示词也称为关键词或“咒语”，需要注意的是，即使是相同的提示词，可灵等其他AI模型每次生成的视频、图像、文案效果也会有差别，这是模型基于算法与算力得出的新结果，是正常的，包括大家用同样的提示词进行制作时，出来的效果也会有差异。读者应该把更多的精力放在提示词的编写和实操步骤上。

扫码看视频：为了帮助大家学会书中的AI视频生成技巧，笔者针对第7章、第8章和第10章的部分实战内容制作了教学视频课程，微信扫描下方二维码即可获得。

CONTENTS

目录

【AI绘画篇】

【AI视频篇】

【AI绘画篇】

第1章　认识AI绘画与可灵AI

现在，AI绘画已经成为数字艺术的一种重要形式，它通过机器学习、计算机视觉和深度学习等技术，可以帮助用户快速地生成各种绘画作品。而可灵AI是快手科技自主研发的一款大型人工智能模型，它专注于AI绘画和AI视频生成领域，展现了卓越的技术能力和创新能力，赢得了众多用户的喜爱。

1.1 快速认识 AI 绘画

人工智能（Artificial Intelligence，AI）绘画是指利用人工智能技术来创作绘画作品的过程，它涵盖了各种技术和方法，包括计算机视觉、深度学习、生成对抗网络（Generative Adversarial Networks，GANs）等。通过这些技术，计算机可以学习各种艺术风格，并使用这些知识来创作全新的艺术作品。

1.1.1 什么是AI绘画

AI 绘画，也称为计算机生成艺术，是一种利用人工智能技术进行绘画创作的过程。它通过深度学习和神经网络，让计算机能够理解和模仿人类的绘画技巧，从而生成全新的艺术作品，包括肖像画、风景画和抽象画等，如图 1-1 所示。AI 绘画是人工智能生成内容的典型应用场景之一，它的出现为艺术创作带来了新的可能。

图 1-1

AI绘画的原理涉及多个方面，例如风格转换、自适应着色、生成对抗网络等技术。用户可以通过对AI模型进行训练，让AI模型学习并模仿不同风格的艺术家，从而创作出具有新颖性和独特性的艺术作品。

1.1.2 AI绘画有什么意义

在科技与艺术日益交融的今天，AI绘画作为一种新兴的创作方式，正悄然改变着人们对艺术的认知与体验。不仅在艺术创作领域带来了革新，还对社会、技术、文化等多个层面产生了深远影响。以下是AI绘画的发展具有的意义。

（1）推动艺术创作的创新：AI绘画能够模仿和学习多种艺术风格，甚至创造全新的艺术风格。它打破了传统艺术创作的界限，为艺术家提供了前所未有的创作灵感和工具。艺术家可以利用AI技术探索新的创作手法和表现形式，推动艺术创作的多元化和创新性。

（2）加速设计与生产流程：在设计和广告行业，AI 绘画能够迅速生成符合品牌风格的设计元素和图像资源，从而大大缩短设计周期，提高工作效率。对于需要大量图像内容的项目，如产品图片、动画电影等，AI 绘画可以生成大量高质量的图像，减轻设计师的负担，如图 1-2 所示，并加速产品的上市进程。

图 1-2

（3）促进艺术普及与教育：AI绘画降低了艺术创作的门槛，使得更多的人能够参与艺术创作。它提供了易于使用的工具和平台，使得非专业人士也能够创作出具有一定艺术价值的作品。此外，AI绘画还可以作为教育工具，帮助学生更好地理解艺术和设计原理，培养他们的创造力，提高他们的审美能力。

（4）拓展艺术与科技的融合：AI绘画是艺术与科技深度融合的产物，它展示了人工智能技术在艺术领域的应用潜力。随着技术的不断进步，AI绘画将与其他领域的技术（如虚拟现实、增强现实等）相结合，创造出更加丰富多样的艺术体验。这种融合不仅丰富了艺术的表现形式，也推动了科技与艺术的相互促进和发展。

（5）引发人们对艺术本质的思考：AI绘画的出现引发了人们对艺术本质和价值的深入思考。它挑战了传统艺术观念中“艺术家是创作者”的观点，提出了“机器能否成为艺术家”的问题。同时，AI绘画也引发了关于版权、原创性和艺术评价等问题的讨论，促使人们重新审视艺术创作的本质和意义。

1.1.3 如何正确看待AI绘画

AI绘画是科技与艺术相结合的产物，该如何正确看待AI绘画，需要我们从多个维度进行思考。我们既要认识到其带来的机遇和优势，也要关注其潜在的问题和挑战。以下是正确看待AI绘画的建议。

（1）拥抱技术创新：首先，我们应该积极拥抱AI绘画这一技术创新。AI技术的发展为艺术创作提供了新的可能和工具，它能够帮助艺术家突破传统创作的限制，实现更加多样化和个性化的创作。我们应该以开放的心态去接纳和尝试这些新技术，探索它们在艺术创作中的潜力和价值。

（2）理解其本质与局限性：AI绘画虽然强大，但它仍然是一种技术工具，有其自身的局限性和不足。我们需要明确AI绘画在艺术创作中的角色和定位，理解它与传统艺术创作之间的区别和联系。同时，我们也要认识到AI绘画在某些方面可能无法完全替代人类艺术家的创造力和想象力，因为艺术创作不仅仅是技术的堆砌，更是情感和思想的表达。

（3）关注艺术创作的核心价值：在看待AI绘画时，我们应该始终关注艺术创作的核心价值，即艺术作品的独特性、创新性和情感表达。无论是通过传统方式还是通过AI技术创作的作品，都应该具备这些核心价值。我们需要警惕那些仅仅追求技术效果而忽视艺术创作本质的倾向，确保AI绘画在推动艺术创新的同时，不失去艺术创作的灵魂和魅力。

（4）促进人机协作：AI绘画并不是要取代人类艺术家，而是可以与人类艺术家形成互补和协作的关系。我们可以利用AI技术的优势来辅助艺术创作，如提供灵感、生成草图和优化细节等。同时，人类艺术家也可以将他们的创意和情感注入AI创作的作品，使作品更加生动和感人。这种人机协作的模式可以充分发挥各自的优势，创作出更加优秀的艺术作品。

（5）加强伦理与法规建设：随着AI绘画的普及和应用，我们也需要关注其带来的伦理和法规问题。例如，如何保护原创作品的版权和知识产权？如何防止AI绘画被用于恶意传播虚假信息或误导公众？这些问题需要我们加强相关伦理和法规建设，确保AI绘画的健康发展并为社会带来正面影响。

1.2 AI 绘画的应用场景

近年来，AI绘画得到了人们越来越多的关注，其应用领域也越来越广泛，包括游戏、电影、动画、设计和数字艺术等。例如素描、水彩画、油画、立体艺术等，还可以用于自动生成艺术品的创作过程，从而帮助艺术家更快、更准确地表达自己的创意。AI绘画展现出了极其广阔的发展前景，预示着它将在众多行业及领域内引发重大影响。

1.2.1　游戏开发

AI绘画可以帮助游戏开发者快速生成游戏中需要的各种艺术资源，例如人物角色、背景等素材。下面是AI绘画在游戏开发领域的一些应用场景。

（1）场景构建：AI绘画技术可用于快速生成游戏中的背景和环境，例如城市街景、森林、荒野和建筑等，如图 1-3 所示。这些场景可以使用 GAN 生成器或其他机器学习技术快速创建，并且可以根据需要进行修改和优化。

图 1-3

（2）角色设计：AI绘画可以用于游戏角色的设计，如图1-4所示。游戏开发者通过GAN生成器或其他技术快速生成角色草图，然后使用传统绘画工具进行优化和修改。

图 1-4

（3）细节生成：细节是决定一款游戏好坏的重要因素，使用AI绘画技术可以生成高质量的细节，例如纹理、毛发、图案等，如图1-5所示。

图 1-5

（4）视觉效果：AI绘画技术可以帮助游戏开发者更加快速地创建各种视觉效果，例如烟雾、火焰、水波和光影等，如图1-6所示。

图 1-6

1.2.2　电影、动画

AI绘画在电影和动画制作中有着越来越广泛的应用，可以帮助电影和动画制作人员快速生成各种场景，进行角色设计及特效和后期制作，下面是一些具体的应用场景。

（1）前期制作：在电影和动画的前期制作中，AI绘画技术可用于快速生成概念图和分镜头草图，如图1-7所示，从而帮助制作人员更好地理解角色和场景，更好地规划后期制作流程。

图 1-7

（2）特效制作：AI绘画技术可以用于生成各种特效，例如爆炸、水波、烟雾等，如图1-8所示。这些特效可以帮助制作人员更多地表现场景和角色，从而提高电影和动画的质量。

图 1-8

（3）角色设计：AI绘画技术可以用于快速生成角色设计草图，如图1-9所示，这些草图可以帮助制作人员更好地理解角色，从而精准地塑造角色的形象和个性。

图 1-9

（4）环境和场景设计：AI绘画技术可以用于快速生成环境和场景设计草图，如图1-10 所示，这些草图可以帮助制作人员更好地规划电影和动画的场景和布局。

图 1-10

1.2.3　设计、广告

在设计和广告领域，使用AI绘画可以提高设计的效率和作品的质量，促进广告内容的多样化发展，增强产品设计的创造力和展示效果，提供更加智能、高效的用户交互体验。

AI绘画技术可以帮助设计师和广告制作人员快速生成各种平面设计和宣传资料，例如广告海报、宣传图等图像素材，下面是一些典型的应用场景。

（1）设计师辅助工具：AI 绘画技术可以用于辅助设计师快速进行概念草图设计、色彩搭配等工作，从而提高设计的效率和质量。

（2）广告创意生成：AI绘画技术可以用于生成创意的广告图像、文字，以及进行广告场景的搭建，从而快速地生成多样化的广告内容，如图1-11所示。

图 1-11

（3）美术创作：AI绘画技术可以用于美术创作，帮助艺术家快速生成、修改、完善他们的作品，提高艺术创作的效率和创新性，如图1-12所示。

图 1-12

（4）产品设计：AI绘画技术可以用于生成虚拟的产品样品，如图1-13所示，从而在产品设计阶段帮助设计师更好地进行设计和展示，并得到反馈和修改意见。

图 1-13

1.2.4　数字艺术

AI绘画已成为数字艺术的一种重要形式，艺术家可以利用AI绘画技术的特点创作出具有独特性的数字艺术作品，如图1-14所示。AI绘画技术的发展对数字艺术的推广有着重要作用，它推动了数字艺术的创新。

图 1-14

1.3　快速认识可灵 AI

可灵AI是快手科技自主研发的一款大型人工智能模型，它专注于视频生成领域，展现了卓越的技术能力和创新能力。通过深度学习技术，特别是3D时空联合注意力机制和Diffusion Transformer架构，可灵AI能够生成高质量、逼真且符合物理规律的视频内容。

1.3.1　可灵AI的诞生

随着短视频和直播行业的蓬勃发展，市场对高质量、富有创意的视频内容的需求日益增加。2024年6月，可灵视频生成大模型官网正式上线，标志着可灵AI正式对外发布，如图1-15所示。快手作为国内领先的短视频平台，在视频制作方面拥有深厚的技术积累。快手AI团队基于这一优势，自研了视频生成大模型——可灵AI，如图1-15所示。这一模型充分利用了快手在视频处理、分析、生成等方面的技术储备，为可灵AI的研发提供了坚实的基础。

近年来，AI生成视频技术取得了显著进展，从ChatGPT的发布到视频生成大模型Sora的问世，都引发了科技界和产业界的广泛关注。这些技术的发展为可灵AI的研发提供了重要的技术参考和借鉴。快手紧跟技术潮流，致力于在AI生成视频领域取得突破。

图 1-15

在研发可灵AI的过程中，快手AI团队采用了多项自研技术创新。例如，可灵大模型采用了3D时空联合注意力机制，有助于精确捕捉视频中的复杂时空运动；同时，结合自研的模型架构和ScalingLaw激发的建模能力，能够在虚拟场景中再现真实的物理世界特性。这些技术创新为可灵AI在视频生成质量、创意性、物理仿真等方面提供了有力支持。

1.3.2 可灵AI的注册及登录

目前，可灵AI共有两种登录方式，一种是使用手机号和验证码进行登录，另一种是使用快手或快手极速版App的扫一扫功能进行登录。下面介绍登录可灵AI的具体操作步骤。

01 打开可灵AI主页，单击界面右上角的“登录”按钮，即可弹出登录页面，如图1-16所示。

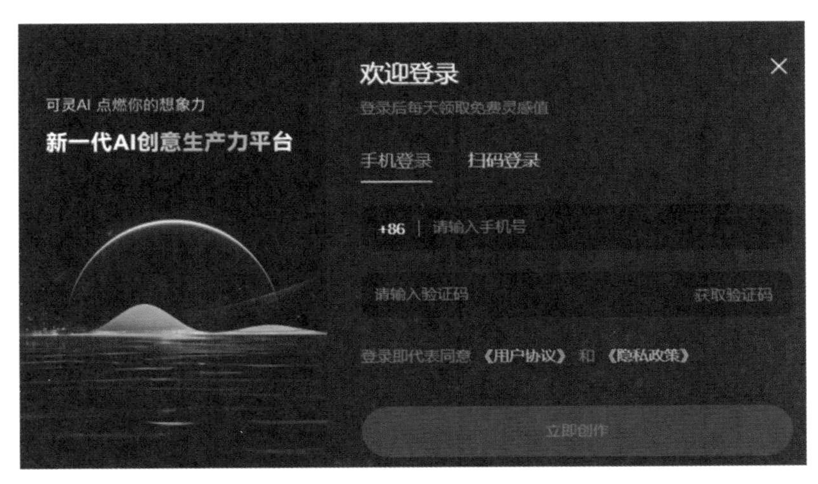

图 1-16

02 使用“手机登录”方式时，在文本框内输入手机号，然后在验证码文本框内，单击“获取验证码”按钮，在手机上注意查收验证码，将验证码输入到文本框中，单击“立即创作”按钮即可，如图1-17所示。

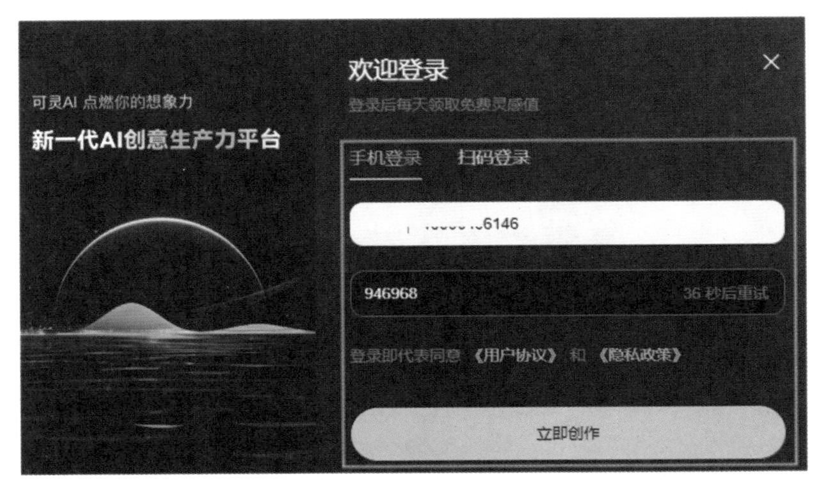

图 1-17

03 使用“扫码登录”方式时，需要先在手机端下载并安装快手App或快手极速版。打开App主页，点击侧边栏的“更多”|“扫一扫功能”，扫描电脑端的二维码授权即可，如图1-18所示。

图 1-18

1.4 可灵 AI 的基础功能

可灵凭借强大的AI视频生成能力，让每一位用户都能轻松、高效地实现艺术视频的创作梦想，为用户带来了全新的视频创作体验。目前，可灵AI的基础功能有以下4点。

1.4.1 AI图片

可灵AI的图片生成功能是一个强大的创作工具，它利用人工智能技术，能够根据用户的文本描述或参考图片生成符合要求的图片。如在“创意描述”文本框中输入“在清晨的悬崖边，一株盛开的野百合迎着刚刚升起的太阳”，可灵AI就能直接生成一张符合该描述的图片，如图1-19所示。

图 1-19

在文生图的基础上，用户还可以上传一张参考图，以生成与之相关的图片。通过调整“参考强度”，可以控制生成图像与参考图之间的相似度，如图1-20所示。

AI图片生成功能支持多种比例，以满足不同用户的需求和场景，也可以调整图片生成的数量，如图1-21所示。

图 1-20

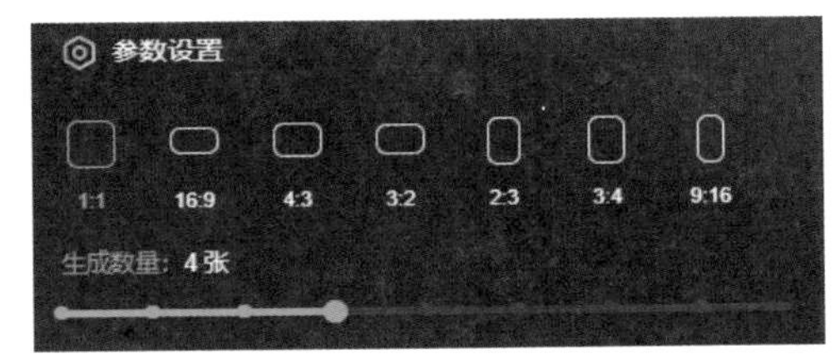

图 1-21

1.4.2　文生视频

文生视频功能允许用户通过输入文字描述来生成相应的视频内容。用户只需提供一段描述性文字，可灵AI就能根据这些文字内容生成对应的视频画面。例如输入提示词“雪山之巅，银装素裹，云雾缭绕，仿佛仙境一般”，即可生成相应的视频内容，如图1-22所示。

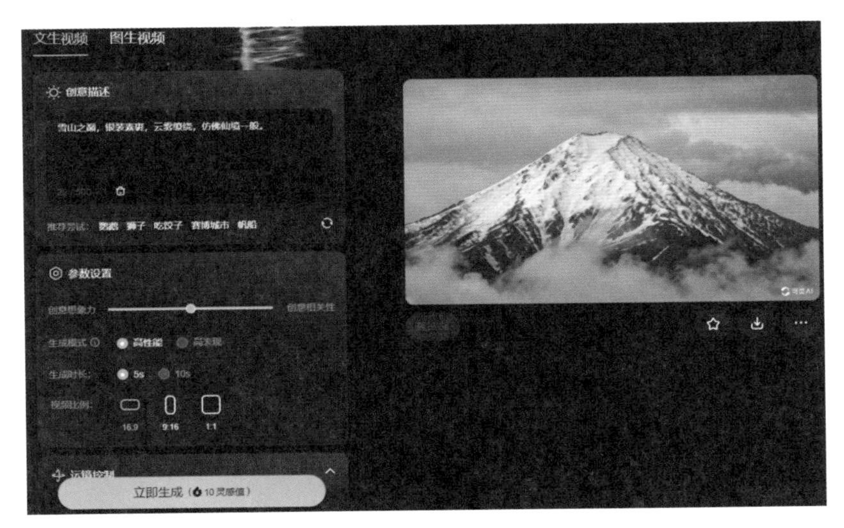

图 1-22

在使用文生视频功能生成视频时，可以参考以下一些小技巧。

（1）尽量使用简单的词语和句子结构，避免使用过于复杂的语言。

（2）画面内容尽可能简单，可以在5～10s内完成。

（3）用“东方意境、中国、亚洲”等词语更容易生成中国风画面和中国人。

（4）目前，可灵的视频大模型对数字不是很敏感，比如“10只海豹在海滩上”，而且生成的数量很难保持一致，所以尽量避免使用详细的数字进行生成。

（5）当需要生成分屏场景时，可以使用“4个机位，春夏秋冬”等关键词实现。

（6）现阶段可灵较难生成复杂的物理运动，比如球类的弹跳、高空抛物等，在生成视频时需要注意。

1.4.3 图生视频

图生视频功能则允许用户上传静态图片，并通过可灵AI将其转换为动态视频。用户也可以上传一张图片，加上文本描述，可灵会根据文本描述将静态的图片转换为一段视频。可灵用户可以选择不同的动态效果和运动轨迹，为静态图片赋予生命力，如图1-23所示。

图 1-23

在使用图生视频功能生成视频时，可以参考以下小技巧。

（1）尽量使用简单的词语和句子结构，避免使用过于复杂的语言。

（2）视频中的运动需要符合物理规律，尽量用图片中可能发生的运动描述。

（3）当描述的内容与图片相差过大时，可能会导致镜头的切换。

1.4.4 视频延长

可灵的视频延长功能，位于生成视频的左下角，有“自动延长”和“自定义创意延长”两种模式。用户可以通过简单的一键操作，在已生成的视频（无论是文生视频还是图生视频）的基础上，继续生成约5秒的新内容，如图1-24所示。这种便捷的操作方式，使得视频创作变得更加灵活和高效。

图 1-24

自动延长是指无须输入提示词，可灵大模型会根据自身对视频本身的理解进行视频续写。自定义创意延长是指用户可以通过文本控制延长后的视频，如图1-25所示，这里的描述词需要与原视频相关，才能尽量实现延长后的视频不崩坏。

图 1-25

1.5　可灵 AI 的进阶功能

可灵AI的进阶功能包括高性能与高表现、运镜控制和首尾帧，本节将围绕其进行详细讲解。

1.5.1　标准与高品质

标准与高品质是可灵AI内置的生成模式，在文生视频和图生视频的参数设置中可以进行调整，如图1-26所示。

标准：视频生成速度更快、推理成本更低的模式，可以通过“高性能”模式快速验证模型效果，满足用户创意实现需求。其更擅长人像、动物，以及动态幅度较大的场景，生成的动物更亲切，画面色调柔和，也是可灵刚发布时就获得好评的一款模型。

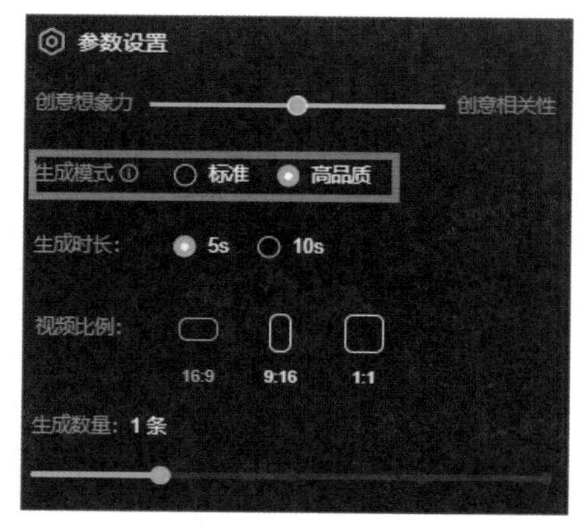

图 1-26

高品质：视频生成细节更丰富、推理成本更高的模型，可以通过“高表现”模式生成高质量的视频，满足创作者对生成高阶作品的需求。其更擅长人像、动物、建筑、风景等类型的视频，细节更丰富，构图与色调氛围更高级，是现阶段可灵对于精细视频创作使用最多的一种生成模式。

如图1-27所示为使用相同的关键词但是生成模式不同的案例效果对比（左图用的是标准，右图用的是高品质）。

图 1-27

1.5.2 运镜控制

运镜控制属于镜头语言的一种，为了满足视频创作的多元性，让模型更好地响应创作者对镜头的控制，可灵的运镜控制功能可以绝对的命令控制视频画面的运镜行为，可以通过位移参数的调节进行运镜幅度的选择。

可灵中包括水平运镜、垂直运镜、推进/拉远、垂直摇镜、旋转摇镜、水平摇镜6个基本运镜，以及左旋推进、右旋推进、推进上移、下移拉远4个大师运镜，帮助创作者生成具有明显运镜效果的视频画面。

在进行文生视频时（图生视频暂不支持运镜控制），可以通过调整运镜方式和运镜强度来生成符合自己需要的视频画面，如图1-28所示。

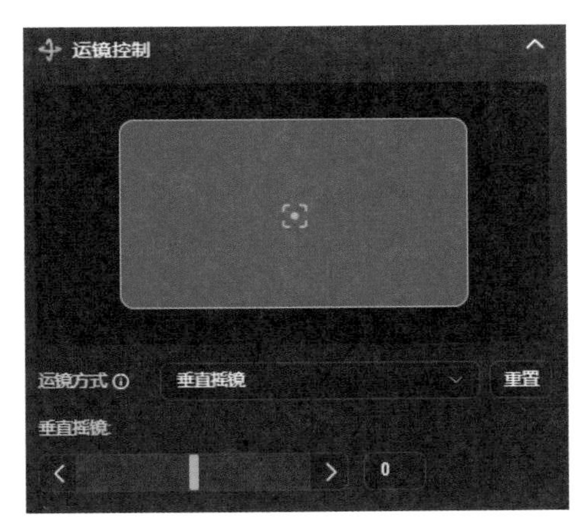

图 1-28

1.5.3 首尾帧

首尾帧功能可以实现对视频更精细的控制，现阶段主要应用于视频创作中对首帧和尾帧有控制要求的视频生成，能够较好实现预期生成视频的动态过渡，但需要注意的是，首帧尾帧的图片内容需要尽量相似，如果差别较大会引起镜头切换。

首尾帧的具体使用方法：单击图生视频界面右上角的“增加尾帧”开关，并上传两张图片，可灵会将这两张图片作为首帧和尾帧生成视频，如图1-29所示。

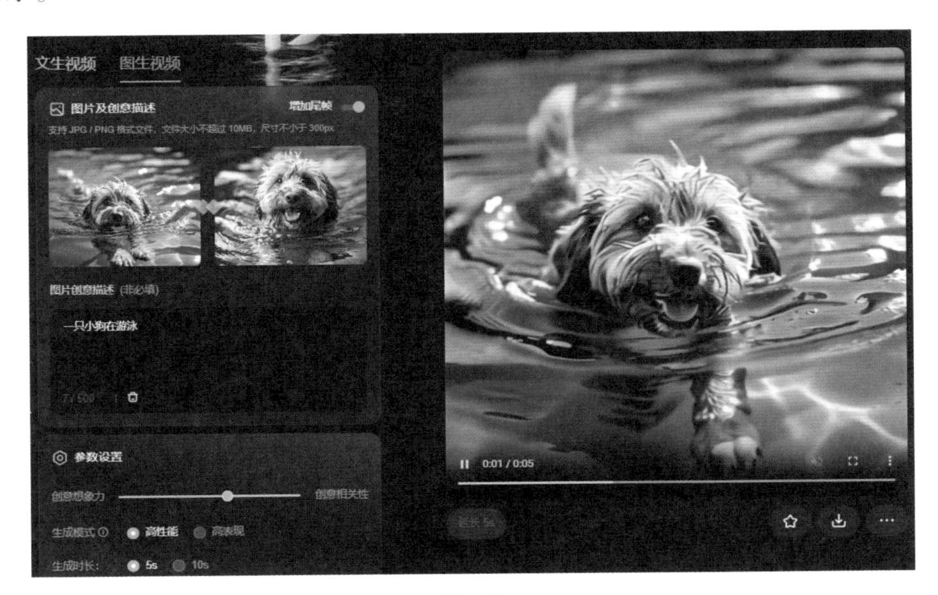

图 1-29

1.5.4 运动笔刷

可灵的运动笔刷功能是指上传任意一张图片，用户可以在图片中通过“自动选区”或者“涂抹”选择某一个区域或主体，添加运动轨迹，同时输入符合预期的运动提示词（主体+运动），单击“生成”按钮后，可灵将为用户生成添加指定运动的图生视频结果，以此来控制特定主体的运动表现，如图1-30所示。

图 1-30

运动笔刷功能支持6种主体和轨迹的同时设置，而且还支持“静态笔刷”功能，如果用户不希望在添加运动轨迹时可能引起镜头运动，可以将不需要进行运镜的区域使用静态笔刷进行涂抹，避免发生运镜，如图1-31所示。

图 1-31

第2章　掌握可灵AI提示词的使用

要想从可灵中获得最佳的反馈结果，关键在于了解如何正确使用提示词。提示词可以让用户引导模型生成相关、准确且高质量的内容。本章将全面深入地介绍提示词的类型、语法、反向提示词的功能及常用的提示词撰写公式，帮助读者在使用可灵AI时更加得心应手。

2.1 提示词的类型

提示词分为正向提示词和反向提示词。在可灵的AI视频界面布局中，有“创意描述”和“不希望呈现的内容”两个文本框，在“创意描述”文本框中输入正向提示词，而在“不希望呈现的内容”文本框中输入反向提示词。

2.1.1 正向提示词

正向提示词是关于生成图像的文本描述。举一个例子，如果需要AI生成一个秋收的场景，可以用以下文字进行描写：“在广袤的田野上，一排排稻秆上挂满了金黄的稻穗，劳动者们手持镰刀将稻穗整齐地割下。”用这段作文形式的提示词生成的图像内容如图2-1所示。

在大多数情况下，我们并不需要像写作文一样写很长的段落，只需点击关键词即可，也不需要过于注重语法。例如，可以将之前的那段话提炼为“田野，稻穗，劳动者们收割”，生成的图像效果与之前的相差无几，如图2-2所示。

图 2-1

图 2-2

因此，使用清晰、明确的提示词可以帮助可灵AI更好地识别我们的意图，正确地提炼提示词不仅可以精简字数，提升创作效率，也可以明确地表达意图。

2.1.2 反向提示词

反向提示词是指在生成图片或视频内容时，对避免出现的一些元素进行文字描述。例如，在上节案例中，如果在“不希望呈现的内容”文本框中输入“劳动者们收割”，如图2-3所示，那么后续生成的视频内容中就不会出现劳动者们的身影，只会出现稻穗，如图2-4所示。

图 2-3

图 2-4

2.1.3 提示词的学习与参考

目前，很多AI绘画平台的作品都是互通的，用户可以在首页中学习并参考其他用户生成的作品，如图2-5所示。

图 2-5

单击喜欢的作品，可以清楚地看到其他用户在创作该作品时使用的提示词、图片比例等内容，如图2-6所示，通过参考显示的提示词等内容，自己也可以生成类似的作品。

图 2-6

如果不想记忆提示词，可以单击“一键同款”按钮，可灵AI即可自动跳转至生成页面，并附上该作品的提示词等相关参数。

2.2 提示词的语法

在AI绘画创作中，提示词的设计和使用直接影响着最终图像的质量和表达效果。提示词不仅仅是简单地输入文字，它还是与AI模型沟通的桥梁，决定着AI如何理解并呈现用户的创作意图。为了生成符合预期的作品，掌握撰写提示词的语法至关重要。

2.2.1 画质和风格

画质和风格是较为通用的提示词，用于确认绘画作品的整体质感和风格。下面对其进行详细介绍。

1. 画质

通过使用画质类提示词，用户可以要求AI生成更高分辨率、更清晰的图像。例如，在提示词中添加“8K，杰作，精致，高对比度，摄影级真实感”等。如图2-7所示为添加画质提示词和没添加提示词生成的图片效果对比。

图2-7

2. 风格

在AI绘画中，风格类提示词扮演着引导AI生成特定视觉风格的关键角色。它们通过影响图像的整体美学和艺术特征，使生成的作品符合特定的艺术风格或视觉效果要求。一些常见的风格类提示词有超现实主义、写实风格、水彩画、抽象风格、卡通风格等。

下面是使用风格类提示词的绘画作品，水彩画如图2-8所示，卡通风格如图2-9所示，写实风格如图2-10所示。

图2-8

图 2-9

图 2-10

2.2.2 画面内容

画面内容指的是生成图像中所呈现的各种视觉元素和主题，主要包括主体和环境两部分内容，下面是详细介绍。

1. 主体

主体是指在图像或画面中占据主要视觉焦点的关键部分，是观众在观看图像时最先注意到的部分。主体元素通常决定了图像的主题和叙事核心，是表达艺术家或创作者意图的核心要素。而主体也可以细分为人物（包括动物等）或实物（如静物或建筑等）。

（1）人物

描述人物常常包括身份、样貌、表情神态、着装、姿势动作等。在具体的描述中，人物词汇非常丰富和灵活，例如，人物的发型有马尾辫、披肩发、卷发、短发、直发等，我们可以从中找到无数变化。

（2）实物

对于实物主体，需要描述该物体的名称、造型、颜色、材质等特征。其中，材质有许多类型，如玻璃、金属、陶瓷、玉石等。

2. 环境

环境主要表现了主体所处的位置和形成的氛围。例如灰暗的街道、下雨、早晨、夜晚、花园、树林、水中等。

如图2-11所示为使用提示词“熊猫，竹林，8K，杰作，精致，高对比度，摄影级真实感”生成的画面，这里的环境提示词为竹林。

图 2-11

2.2.3　画面表现

画面表现指的是生成图像的整体视觉效果和风格，包括图像的构图、拍摄角度、色彩、光影、镜头焦距等。这些元素共同决定了图像的美感、情感表达和艺术性。

（1）构图

构图是指在视觉艺术和设计中，将各个元素（如人物、物体、背景等）按特定的方式安排和组织在画面中，以形成和谐、平衡且有视觉吸引力的图像。常用的构图方式有三分构图、黄金构图、对称构图等。

（2）色彩

色彩是指物体在光的照射下反射或吸收特定波长的光而产生的视觉效果。它是视觉艺术中最基本和最重要的元素之一，通过色彩的运用，可以传达情感、设置氛围、吸引注意力，提供丰富多样的视觉体验。常用色彩提示词有明暗、饱和度、对比度、亮度和暗度等。

（3）光影

光影是指图像中的光线和阴影效果，它们共同对画面的明暗对比、立体感、深度和氛围产生影响。光影是视觉艺术中非常重要的元素，因为它能够突出主体、引导视线、营造特定的氛围，甚至传递情感。常用的光影提示词有阴影、柔光、自然光、人工光源、背光等。

（4）拍摄角度

拍摄角度是指相机相对于被摄对象的高度、倾斜度和方向，它决定了观众从何种视角观察图像中的对象。

下面是一些常用的拍摄角度示例图。正视图如图2-12所示，侧视图如图2-13所示，俯视图如图2-14所示。

图 2-12

图 2-13

图 2-14

（5）镜头焦距

镜头焦距的选择会对画面产生影响，例如使用广角镜头可以呈现更广阔的场景，而鱼眼镜头则能够产生强烈的背景虚化效果。在描述时可以使用的关键词有景深、单反、长焦、背景虚化等。

2.3　反向提示词的功能

与正向提示词相反，反向提示词用来指定不希望可灵生成的内容。反向提示词是一个非常好用但未被充分利用的功能。有时候，即使在正向提示词中提供了大量信息，生成的效果也不理想，但是加上一个反向提示词就能得到理想的结果。

2.3.1　反向提示词的类型和功能

反向提示词（Negative Prompts）是在AI绘画和生成模型中使用的一种技术，通过指定不希望出现的特定元素、风格或特征，从而更好地控制生成图像的内容和质量。这些提示词通常用于排除不需要的细节或校正模型生成的某些倾向，以提高生成图像的准确性和视觉效果。反向提示词有常见以下几个类型。

1. 风格排除类反向提示词

风格排除类反向提示词用于避免生成图像时出现某种不希望的艺术风格或视觉效果。例如，在反向提示词中加入照片、三维、动画等提示词，那么生成的图像就会偏向写实风格，如图2-15所示。

图 2-15

2. 元素排除类反向提示词

元素排除类反向提示词用于避免图像中生成特定的物体、场景或角色，可以排除干扰性元素，确保图像的主题清晰且聚焦在所需的内容上。例如，正向提示词为“一个漂亮的中国女孩，8K，杰作，精致，高对比度，摄影级真实感”，反向提示词为“长发”，则生成的视频中女孩就不会出现长发，如图2-16所示。

图 2-16

3. 提升质量类反向提示词

通过加入“最差画质”“低画质”“低分辨率”等反向提示词，可以明显发现画面的质量有了提高，如图2-17所示，左图中只有正向提示词（一只山羊在吃草），而右图是加入了反向提示词（低画质、低分辨率、最差画质）。

图 2-17

4. 细节控制类反向提示词

在生成的人物图像中，经常出现多出来的四肢、四根手指、六根手指或难看的脸等问题。通过输入表示这类错误的关键词，如多出来的四肢、多出来的手指、扭曲的脸之类的提示词，生成视频的错误率就会下降。

2.3.2　反向提示词的通用格式

了解了反向提示词的类型和功能后，只需根据需求将对应的反向提示词输入到相应的文本框内即可，下面是一些常见反向提示词的通用格式。

（1）通用的提示词

低画质，低分辨率，错误，裁剪，JPEG伪影，超出画面，水印，签名。

（2）针对人物肖像的负面提示词

畸形的，丑陋的，残缺的，多余的四肢，多余的手指，多余的手臂，手指粘连。

（3）照片写实图像的负面提示词

插图，绘画，素描/绘画，艺术，素描/草图。

2.4　可灵常用的提示词公式

为了生成符合预期的图像效果，用户常使用一些特定组合和结构化公式撰写提示词。这些公式可以帮助用户更高效地引导AI生成特定风格、内容和质量的图像。在实际操作中，掌握这些常用公式不仅能节省时间，还能显著提升生成结果的准确性和美观度，为创作过程增添更多的灵活性和控制力。

2.4.1　5W1H

“5W1H”是Who、What、When、Where、Why和How这6个英文单词的首字母，下面对其分别解读。

（1）Who

Who指的是画面主体，画面主体可以描述为人物、动物、植物、食物、建筑或者其他物体。

人物：医生、舞蹈家、魔法师、消防员、警察等。

动物：长颈鹿、鹦鹉、北极熊、海豚、蜗牛等。

植物：樱花、仙人掌、向日葵、桉树、玫瑰花等。

食物：意大利面、寿司、草莓蛋糕、烤鸡、冰激凌等。

建筑：城堡、摩天大楼、木屋、寺庙、图书馆等。

其他物体：电吉他、望远镜、热气球、沙漏、古董时钟等。

（2）What

What主要是对画面主体的描述，对图像中的主要对象或焦点进行详细、具体的文字描述。对主体进行描述也分为明确主体、提供特征、特定情境、结合情感和行为4个部分。

明确主体：清晰地定义图像的主要对象，如人物、动物、建筑等，比如，“一个戴着眼镜的教授”。

提供特征：描述主体的外貌、姿态、着装等特征，比如，“一个穿着白色实验室外套的中年科学家”。

特定情境：描述主体所在的场景或上下文，比如，“一个站在宇宙飞船舱口的宇航员”。

结合情感和行为：详细说明主体的情感状态和正在进行的动作，比如，“一个微笑着阅读书籍的老人”。

将4个部分连起来的具体示例如“一个穿着白色大衣的年轻女医生，手持听诊器，微笑着看向镜头”。

（3）When

When通过英文直译过来就是什么时候，也指画面发生的时间节点。在描述时间时可以分为下面4个方面。

具体时间点：正午、傍晚六点、午夜十二点、凌晨三点等。

时间段：清晨、下午、傍晚、夜晚、深夜等。

历史时间节点：文艺复兴时期、工业革命、中世纪、二战期间、唐朝等。

季节性时间节点：初春、盛夏、秋分、初冬、严冬等。

（4）Where

Where主要代指画面的环境，指主体对象所在的背景或者周围的物理空间，它为场景提供了上下文和氛围。

（5）Why

Why代指为什么会出现在画面里，也是对画面主体在干什么的疑问。例如，明确描述主体正在进行的特定动作——阅读书籍、弹钢琴、绘画、喝咖啡等。

（6）How

How是指对画面细节的描述，对图像中具体元素和视觉效果进行详细、具体的文字描述。例如，为画面主体添加构图、视角、艺术风格、色调、光影、质感等元素。

通过上面对5W1H的解释就可以得到一个大概的表格解读，如表 2-1所示。

表 2-1

Who	What	When	Where	Why	How
谁	长什么样	什么时候	在哪里	做什么	更多的画面细节

根据上面的公式可以得到以下图片内容。提示词：一位穿着白色大褂的科学家手持试管在未来某一天的高科技实验室进行实验，未来主义风格，高对比色调，俯视视角。生成的图片如图2-18所示。

图 2-18

*提示词：*一只灰色毛发的大狼狗戴着黑色的项圈在冬天清晨的公园小径上欢快地奔跑，现实主义风格，细腻质感，远景。生成的图片如图2-19所示。

图 2-19

需要注意的是，这里提供的公式仅作为参考，并非每次编写提示词都要包含所有内容。用户可以根据需要生成的画面内容灵活调整，着重强调其中的一两项元素，避免盲目堆砌元素，从而影响出图效果。

2.4.2 主体+运动+场景

主体+运动+场景是描述一个视频画面最简单、最基本的公式，也是使用文生视频最常用的提示词公式。当更细节地描述主体与场景时，只需通过列举多个描述词短句，并保持提示词要素的完整性，可灵会根据表达进行提示词扩写，生成符合预期的视频。

主体：主体是视频中的主要表现对象，是画面主题的重要体现者，如人、动物、植物，以及物体等。

运动：对主体运动状态的描述，包括静止和运动等，运动状态不宜过于复杂，符合5s视频可以展现的画面即可。

场景：对主体所处环境的细节描述，如室内场景、室外场景、自然场景等。

如“一只大熊猫在咖啡厅里看书”，这里可以增加主题和场景的细节描述，“一只大熊猫戴着黑框眼镜在咖啡厅看书，书本放在桌子上，桌子上还有一杯咖啡，冒着热气，旁边是咖啡厅的窗户”，这样可令生成的画面会更具体可控，如图2-20所示。

如果想要增加一些镜头语言和光影氛围，也可以尝试“镜头中景拍摄，背景虚化，氛围光照，一只大熊猫戴着黑框眼镜在咖啡厅看书，书本放在桌子上，桌子上还有一杯咖啡，冒着热气，旁边是咖啡厅的窗户，电影级调色”，这样生成的视频质感会进一步提升，如图2-21所示。

图 2-20

图 2-21

2.4.3　主体+运动，背景+运动

“主体+运动”和“背景+运动”是图生视频最常用的提示词公式。与文生视频不同，图生视频已经有了场景，因此只需描述图像中的主题与希望主题实现的效果，如果涉及多个主体的多个运动，依次列举，可灵会根据表达与对图像画面的理解进行提示词扩写，生成符合预期的视频。

主体：画面中的人物、动物、物体等。

运动：指目标主体希望实现的运动轨迹。

背景：画面中的背景。

例如，想要“画中的蒙娜丽莎戴上墨镜”，如果只输入“戴墨镜”，可灵较难理解指令，因此更可能通过自己的判断进行视频生成，而当可灵判断这是一幅画时，则更可能生成具有运镜效果的画面，如图2-22所示。

这也是照片类图片容易生成静止不动的视频的原因。因此，我们需要通过描述“主体+运动”来让模型理解指令，如“蒙娜丽莎用手戴上墨镜”，或者对于多主体“蒙娜丽莎用手戴上墨镜，背景出现一道光”，可灵会更容易响应，如图2-23所示。

图 2-22

图 2-23

2.4.4 主体+运动

“主体+运动”是需要延长视频时会用到的公式。当使用视频延长功能中的“自定义创意延长”模式时，用户需要通过文本描述控制延长后的视频，这里的文本内容需要与原视频相关，只需根据公式“主体+运动”，即可生成符合要求的视频内容。

例如，视频内容是一筐土豆，如图2-24所示。

输入续写提示词：主体（很多小狗）+运动（从箱子里爬了出来），那么可灵就会根据相应的提示词内容进行续写，如图2-25所示。

图 2-24

图 2-25

第3章　可灵AI生图方式与实战

在AI生图过程中，选择合适的提示词、优化参数设置和理解AI模型的工作原理至关重要。本章将通过实际操作案例，深入解析可灵AI的生图方式，帮助用户在不同场景中运用AI技术快速生成符合需求的图像。

3.1 可灵的生图方式

可灵的生图方式涵盖了多种AI图像生成方法，帮助用户灵活、高效地创作出符合需求的图像。无论是通过文字描述生成图像的“文生图”，还是使用已有图像作为参考进行二次创作（垫图），抑或是生成具有艺术效果的文字图像，每种方式都具有独特的优势与应用场景。

3.1.1 文生图

文生图，顾名思义就是通过输入文本生成符合文本描述的AI图片。使用文生图功能的方式并不复杂，具体操作步骤为：输入提示词、上传参考图/垫图（可选项）、选择其他参数、一键出图。下面是对步骤的详细介绍。

（1）输入提示词：可以在“创意描述”文本框中输入任意文本，平台目前支持中/英文输入，但是需要注意字数，需要限制在500字以内，如图3-1所示。

图 3-1

（2）上传参考图/垫图：在使用文本生成图片的过程中，可以通过上传参考图使用垫图功能。单击“上传图片”按钮，即可从本地或者平台历史生成结果中选取图片，如图3-2所示。

图 3-2

（3）选择其他参数：在“参数设置”界面中，可以设置生成图片的尺寸和生成图片的数量。平台目前支持7种图片尺寸，一次最多可生成9张图片，如图3-3所示。

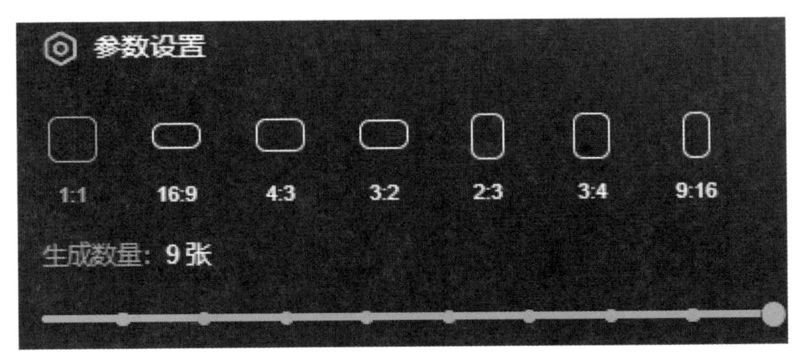

图 3-3

（4）一键出图：调整完参数设置后，单击“立即生成”按钮，即可生成相应的AI图片。

当生成图片后，还可以对生成的图片内容进行赞/踩、收藏、下载、垫图、生成视频、删除、举报等操作。其中，赞/踩表示可以对生成的内容进行反馈；垫图表示将生成的结果用作参考图；生成视频表示可以将生成结果转换成视频。

3.1.2　使用参考图/垫图

上面简单介绍了可灵AI的文生图功能，文生图的操作相对简单，但是有时会遇到无法准确将脑海中的画面描述给模型的问题。那么，如何让模型快速理解我们表达的含义，生成更符合我们想象的画面呢？这个时候就可以使用参考图/垫图功能，模型将参考图片的风格、构图和色调等各方面元素生成结果。如图3-4所示为垫图，如图3-5所示为参考垫图生成的图片。

图 3-4

图 3-5

上传参考图后，有一个“参考强度”参数，如图3-6所示。用户可以通过调整“参考强度”，从而影响生成结果。参考强度越强，生成的结果越接近参考图；参考强度越弱，生成的结果越接近提示词。

图 3-6

3.1.3 生成文字效果

生成文字效果是指在提示词中加入想要生成的文字，就可以得到生成的文字效果。这得益于AI图片背后的可图大模型。可图大模型是第一个原生支持中文文字生成的文生图模型，不仅能够准确绘制不太常见的汉字，也支持中英文同时绘制。例如，提示词“一个白衣女孩拿着一把扇子，上面写着‘北京欢迎你’”，生成后的图片效果如图3-7所示。

图 3-7

用户还可以发挥想象力，在任意物品上绘制想要生成的文字效果，例如“一只拉布拉多犬戴着一块铭牌，上面写着‘jobe’”，生成的图片效果如图3-8 所示，“春天的公园里立着一个路牌写着‘中山公园’”，生成的图片效果如图3-9 所示。

图 3-8

图 3-9

3.2 可灵生成风格化图像

无论是水墨风格、简笔画效果，还是抽象画等，用户都可以通过调整提示词，快速生成独具艺术特色的图像。生成的图像内容不仅适用于艺术创作，还能广泛用于广告设计、品牌推广和社交媒体内容创作等方面。

3.2.1 古风水墨画生成

水墨画是中国传统绘画艺术中的重要形式，以墨为主，以色为辅，通过笔墨的浓淡、干湿变化，以及留白与虚实结合，展现自然景色、花鸟鱼虫、人物等题材。水墨画强调神韵与意境，讲求“形似之外”，通过简约的笔触传达深邃的情感和哲思。

通过特定的风格描述词，如水墨画、墨等，可灵就能够模拟水墨画的笔触、色彩层次与留白效果，生成具有浓郁东方韵味的古风图像。如图3-10所示为使用可灵生成的水墨画示例。

图 3-10

提示词： 白鹤单脚站立，假山，池塘，粗体插图，留白，水墨画。

3.2.2　日系插画生成

日系插画是一种源自日本的艺术风格，通常以鲜明的色彩、精致的线条、梦幻的氛围和独特的美学特征为特点。日系插画风格多样，包括治愈系、二次元、动漫风格等。人物形象通常具有大眼睛、细腻的面部表情，以及强调动态感的姿势和服装设计。背景通常采用柔和的色调，强调季节变化或神秘、梦幻的场景。

下面是生成日系插画需要了解的关于艺术家及相应知名作品的关键词。

新海诚，代表作品《你的名字》；手冢治虫，代表作品《铁臂阿童木》；宫崎骏，代表作品《千与千寻》；尾田树，代表作品《海贼王》；平井久司，代表作品《高达》；武内直子，代表作品《美少女战士》；井上雄彦，代表作品《灌篮高手》；鸟山明，代表作品《龙珠》；三浦美纪，代表作品《樱桃小丸子》等。

下面展示分别在提示词中加入不同艺术家名称生成日系插画的效果，由此可以看出风格差异明显。

如图3-11所示为《樱桃小丸子》风格的日系插画。

图 3-11

*提示词：*一个女孩走在街道上，动画《樱桃小丸子》的风格，作者是三浦美纪。

如图3-12所示为《高达》动漫风格的日系插画。

图 3-12

提示词： 一个女孩走在街道上，动漫《高达》的风格，作者是平井久司。

如图3-13所示为动漫《你的名字》风格的日系插画。

图 3-13

提示词： 一个女孩走在街道上，动漫《你的名字》的风格，作者是新海诚。

3.2.3　抽象画生成

抽象画是一种突破具象表现的艺术形式，注重通过线条、色彩、形状和构图的组合来传达情感、思想或观念，而不是描绘具体的物体或场景。抽象画不以现实为基础，创作中往往摒弃自然的形态和真实的空间结构，代之以纯粹的视觉语言，赋予作品更多的主观性和想象空间。

相较于传统手绘，AI生成的抽象作品拥有独特的随机性与创新性，打破了常规创作模式。无论是几何构图还是流动色彩，AI都能呈现出独特的艺术视觉效果，为艺术家和设计师提供新的灵感来源。如图3-14所示是使用可灵AI生成的抽象画示例。

图 3-14

*提示词：*一对情侣在拥抱，大胆的几何形状、对比鲜明的鲜艳红色和蓝色、动感流畅的线条、不对称的构图、重叠的圆形和三角形、带有微妙渐变的金属光泽、混乱而平衡的能量、未来主义和抽象表现主义。

在使用AI生成抽象作品时，提示词的选择至关重要，它可以帮助AI生成不同风格、色彩和构图的抽象画。以下是一些常用的提示词，可以在创作时参考。

几何形状、流动线条、对称/非对称、重叠形状、圆形图案、分形设计、对比强烈的色彩、单色调、渐变色、混乱的运动、宁静、超现实氛围、梦幻般、抽象表现主义、极简风格、立体主义。

3.2.4 简笔画生成

简笔画是一种简化的绘画风格，通过使用简单的线条和几何形状来表现对象。它避免了复杂的细节和阴影，用最少的笔触传达信息。这种风格可以用来画人物、动物、物体或风景，适合用于儿童绘画、手绘插图、图标设计等。

简笔画的优点包括易于理解和制作，同时也能很好地传达核心内容。如图3-15所示为使用可灵AI生成的简笔画示例。

图 3-15

第4章　可灵AI在绘画领域的应用

使用可灵可以生成各种风格和主题的绘画作品，包括油画、水彩画、素描画、风景画及CG插画等，并且可以运用到广告设计、产品设计、室内设计等各个领域，这不仅提高了绘画创作的效率，还可以极大减少版权问题和绘画成本。

4.1 使用可灵生成不同类型的画作

凭借强大的图像生成能力，可灵AI能够根据用户的指令，自动创作出不同类型的画作，包括油画、水彩画和素描画等，为艺术家和爱好者提供了前所未有的自由与便利。

4.1.1 绘画工具和技法提示词参考

在使用AI生成不同类型的画作时，绘画工具和技法提示词对生成结果具有关键作用。通过精准的提示词，AI可以更好地捕捉不同风格和质感，帮助创作者生成符合预期的作品。以下是绘画工具和技法的提示词参考。

1. 绘画工具提示词

下面是指定AI使用某种特定的工具来表现质感和效果的提示词。

（1）铅笔：清晰的线条，细腻的阴影，整体表现较为写实。

（2）水彩：透明感强，柔和的色彩，渐变和流动的边缘。

（3）油画：厚重的颜色层次，纹理感明显，强烈的光影对比。

（4）丙烯：色彩饱和，干燥快速，适合描绘细节，鲜艳的色块。

（5）钢笔画：黑白线条，简洁明了的对比效果，细节突出。

（6）蜡笔：质朴的色彩和粗糙的纹理，适合表现温暖、轻松的主题。

（7）喷漆：街头风格，色彩强烈，边缘模糊的渐变效果。

2. 绘画技法提示词

下面是指定AI使用某种技法来生成特定绘画风格的提示词。

（1）点描：由细小的点组成画面，常用于表现细腻的色彩过渡。

（2）泼墨：随机的墨水飞溅和线条，带有强烈的抽象感和动感。

（3）渐变：色彩平滑过渡，产生深度和三维效果。

（4）平涂：均匀的色彩覆盖，强调简约和强烈的视觉冲击。

（5）晕染：柔和过渡的边缘和色彩混合，营造出梦幻或细腻的氛围。

（6）刮刀：使用刀刃代替画笔涂抹颜料，产生丰富的质感和强烈的笔触。

（7）线条表现：通过粗细变化的线条来塑造物体的形状和结构。

4.1.2 使用可灵生成油画作品

油画作为一种传统的绘画形式，以其厚重的色彩、丰富的质感和细腻的光影效果闻名。如今，借助可灵AI这样的生成式人工智能工具，油画的创作也变得更加快捷与灵活。通过简单的提示词输入，用户可以让AI模拟真实的油画质感，表现出色彩叠加、细腻的笔触和浓厚的画面氛围。

无论是经典的风景油画、写实的肖像，还是富有表现力的抽象作品，可灵AI都能生成出符合预期的油画作品，让数字创作具备传统油画的深度与美感。如图4-1所示为使用可灵AI生成的油画示例。

图 4-1

提示词： 宁静的湖泊，周围环绕着茂密的森林，油画风格，文森特·梵高风格，厚重的色彩层次和粗犷的笔触，光影对比，以橙色、黄色和紫色为主色调，画作以点描的技法创作。

在使用可灵AI生成油画作品时，可以在提示词中加入一些耳熟能详的艺术家，让AI生成的油画作品风格更偏向于该艺术家的绘画作品，如文森特·梵高、保罗·塞尚、亨利·马蒂斯、威廉·特纳、杰克逊·波洛克等。

4.1.3　使用可灵生成水彩画

水彩画是一种古老且富有表现力的绘画类型，其以透明、轻盈和流动的色彩效果著称。它通过将水溶性颜料与水混合，然后在纸张上创作，展现出独特的艺术风格。

在使用可灵AI生成水彩画时，有几个关键点需要注意，以确保能获得理想的效果和艺术需求，下面是详细介绍。

（1）控制透明度

水彩画的透明度是其重要特征之一。提示AI希望生成具有不同透明度效果，可以加深画面的深度和层次感，比如，是希望颜色层次明显，还是希望相对柔和的过渡。

（2）细节和质感

细节和质感也是提高画作水平的决定性因素之一，可以对AI说明是否需要特定的纸张纹理效果（如粗纹、冷压、热压）和颜料的质感（如厚重的层次感或流动的渐变）。

（3）确定水彩的风格

在开始用AI绘画前，需要先确定水彩画的风格，以便AI能更好地理解用户的需求，如传统水彩风格、印象派水彩或现代抽象水彩等。

如图4-2所示为使用可灵生成的水彩画示例。

图 4-2

提示词： 生成一幅水彩风格的风景画，描绘一个宁静的湖泊和远处的山脉。使用柔和的渐变色彩，强调湖水的透明感和山脉的细腻纹理。光影效果要自然柔和，整体色调以冷色为主，突出清晨的宁静氛围。

4.1.4 使用可灵生成素描画

素描是一种基础且核心的绘画技法，主要通过线条、阴影和纹理来表达形体、结构和细节。它不仅用于艺术创作和构图，也常用于艺术家的练习和研究。

在使用AI生成素描画时，注意以下几点，可以帮助AI生成更符合预期的高质量素描风格作品。

（1）阴影与光影效果

在提示词中描述光源的方向，可以决定阴影的位置和深浅，影响画作的立体感，例如“左上角的自然光”或“右下方打来的强光”。如果希望AI生成更有层次感的作品，可以强调阴影的过渡和对比效果，如“柔和的渐变阴影”或“深度交叉阴影”等。

（2）线条的细腻度

描述线条的特性，如“细致的线条”或“粗犷的线条表现”。对于精细的素描，如人像或动物，线条描述需要较为细腻和精准，而风景或抽象素描可以采用粗犷的线条。

如果希望某些区域线条较密集，可以在提示词中添加“交错阴影”或“密集线条”，这些能增加图像的深度和对比。

（3）素描技法

写实素描：如果希望AI生成真实感强的素描画，可以指明“写实素描风格”，并强调细腻的光影和细条细节。

速写风格：如果想要松散和流畅的画面，可以使用“速写风格”提示词，AI会倾向于更快、更自由的线条表现。

结构素描：如果希望表现物体的几何形态和体积，可以指明“几何结构素描”，AI会更注重物体的体积感和轮廓线。

如图4-3所示为使用可灵生成的素描画示例。

图 4-3

*提示词：*生成一幅写实风格的人像素描，光源从左上角照射，强调脸部的高光和阴影，线条细腻，背景简洁，采用交叉阴影技法表现脸部轮廓和细节。

4.2 使用可灵生成不同主题的画作

每种不同的绘画作品在内容、技法、情感表达和构图上各有侧重。无论是通过细腻的笔触表现真实的世界，还是通过抽象的手法传递情感和思想，每种主题都具有独特的艺术价值。本节将介绍使用可灵AI生成不同主题的AI画作。

4.2.1 绘画主题提示词参考

在使用AI生成不同主题的绘画作品时，合理的提示词可以帮助AI更精准地捕捉用户想要的效果。根据不同的绘画主题，以下是一些常见的提示词参考，帮助大家更好地引导AI创作。

1. 静物画

（1）对象选择：水果、花瓶、书籍、陶瓷、玻璃杯、桌布。

（2）提示词示例。

- “描绘一幅精致的静物画，以苹果、葡萄、花瓶为主题，光线从左侧照射，带有柔和的阴影，细腻地表现物体的质感和反光。”如图4-4所示为该示例的展示图。

图 4-4

- “生成一幅典雅的静物画，包含盛开的玫瑰、一个水晶杯和一本打开的书，背景朦胧，色调温暖。”

2. 风景画

（1）自然元素：山脉、河流、海岸、森林、草原、天空。

（2）提示词示例。

- “绘制一幅辽阔的风景画，展现日出时的山脉，前景是起伏的草地，远处山峰被晨光染成金黄色，云层缓缓飘动。”如图4-5所示为该示例的展示图。

图 4-5

• “生成一幅秋天的森林风景画，金黄色的树叶洒满地面，光线穿过树梢，背景为一条宁静的小溪。”

3. 人物肖像画

（1）风格：写实、人像素描、表现主义。

（2）提示词示例。

• “生成一幅写实风格的人像肖像画，描绘一个年轻女子，光源从右侧照射过来，重点表现她的眼神和面部细节，背景为暗色调。”如图4-6所示为该示例的展示图。

图 4-6

• “生成一幅抽象的人物肖像，色彩大胆，使用几何线条表现人物的脸部特征，背景模糊但色彩丰富。”

4. 历史画

（1）场景和情感：战争、革命、英雄时刻、关键事件。

（2）提示词示例。

• “绘制一幅恢宏的历史画，描绘一场战斗场景，士兵们正在冲锋，光影强调激烈的氛围，背景是烟雾弥漫的天空。”如图4-7所示为该示例的展示图。

图 4-7

• “生成一幅描绘古代王朝建立时的场景，国王站在城墙上，阳光洒在他身上，彰显英雄气概和壮丽景象。”

5. 抽象画

（1）线条与色彩：几何形状、自由曲线、色块对比。

（2）提示词示例。

• “生成一幅充满活力的抽象画，强烈的红色、蓝色和黄色色块相互交融，曲线和直线交错，表现动感和情感的碰撞。”如图4-8所示为该示例的展示图。

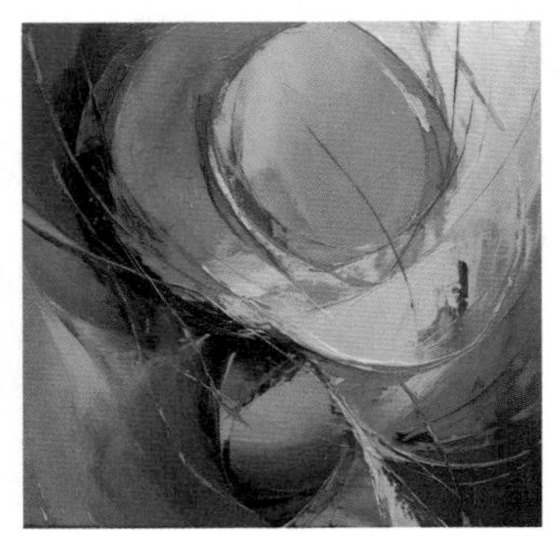

图 4-8

• “绘制一幅以圆形、三角形等几何图案为基础的抽象画，色彩鲜艳，使用粗线条和大面积的色块。”

6. 幻想与超现实画

（1）超现实元素：梦境、幻想世界、不符合现实的场景。

（2）提示词示例。

- “生成一幅超现实风格的画作，描绘一座飘浮在空中的城市，建筑倒挂在天空中，云层中间透出奇异的蓝光，整体画面充满梦幻感。”

- “绘制一幅超现实的森林，树木像蜿蜒的手臂，天空中飘浮着巨大的眼睛，氛围神秘而引人入胜。”如图4-9所示为该示例的展示图。

图 4-9

7. 建筑画

（1）建筑类型：古典、现代、未来风格。

（2）提示词示例。

- “绘制一幅现代风格的建筑画，展示一栋有玻璃幕墙的高楼，建筑反射出城市的天际线，背景为黄昏时的天空。”如图4-10所示为该示例的展示图。

图 4-10

- “生成一幅未来主义风格的建筑画，巨型建筑物飘浮在空中，使用极简风格的设计和明亮的光线效果。”

8. 海洋与水下主题

（1）元素：海洋生物、海浪、珊瑚礁、船只。

（2）提示词示例。

• “生成一幅海底世界的画作，展示五彩斑斓的珊瑚和游动的鱼群，水波光线从上方洒下，营造神秘的海洋氛围。”如图4-11所示为该示例的展示图。

图 4-11

• “绘制一幅大海的风景画，展现汹涌的海浪拍打海岸，背景是灰暗的天空和远处的船只，传达力量与大自然的宏伟。”

4.2.2 使用可灵生成风景画

风景画是一种以自然景观为主要对象的绘画艺术形式，主要描绘山川、河流、森林、草原、天空等自然景色，以及这些景物在不同天气、季节、时间下的变化。

在使用AI生成风景画时，有以下几个关键点需要注意，以确保生成的画作能够符合期望并表现出风景画的特有美感。

（1）选择主题和场景

确定风景画的场景，如山川、湖泊、森林、海洋等，并指定具体的天气情况，如晴天、黄昏、雨天、雾气等。这些细节会影响AI对画面的理解和构图。

（2）光线和阴影表现

风景画中光线的角度、强度和来源非常重要。太阳光、月光、灯光等不同的光源会产生不同的效果。指定光线的来源（左侧、背光、顶部光等）可以帮助AI

更好地处理阴影和高光的关系。

（3）透视和空间感

风景画需要通过合理的透视和景物的大小对比来表现空间深度。通过明确前景、中景和远景的物体，可以让AI生成具有层次感的画面。前景可以多描述一些细节，而远景则相对模糊即可。

（4）色彩搭配与氛围

风景画的色彩随季节和时间的变化而变化，例如，秋天可以使用暖色调（橙色、黄色、棕色），而冬天则以冷色调为主（蓝色、灰色、白色）。

通过应用不同的色彩，可以传达不同的情感和风味。例如，冷色调的场景给人安静和忧郁的感觉，而明朗的色彩则传递出活力和生机。

如图4-12所示是使用可灵生成的风景示例。

图 4-12

提示词： 生成一幅日落时的海岸风景画。前景有岩石和沙滩，背景是广阔的海洋和地平线。夕阳从右侧照射，海面反射金色光芒。色彩包括橙色、晚霞的紫色和海水的深蓝色。

4.2.3　使用可灵生成人物画

人物画是绘画艺术中专注于描绘人物的艺术形式，包括单个或多个人物的肖像、全身像或场景中的人物，通过表现人物的外貌、神情、姿态和情感来传达故事、个性或主题。人物画可以细致地展示人物的特征，也可以通过抽象的表现手法来传达特定的情感和氛围。

使用AI生成人物画时，有以下几个关键点需要注意，以确保最终生成的作品符合预期并展现出所需的艺术效果。

（1）明确主体

在生成人物画前，需明确人物主体并清楚地描述人物的外貌特征，包括年龄、性别、发型、服装等细节，还可以具体到发色、眼镜颜色等。

（2）动态与姿态

指定人物的姿态或动作，例如坐着、站着、行走等，这有助于确定画面的构图和动态效果。

（3）细节和表情

指定人物的面部表情，以传达特定的情感或状态，例如微笑、沉思、惊讶等。

如图4-13所示为使用可灵生成的人物画示例。

图 4-13

*提示词：*生成一幅年轻女性的写实肖像画，深棕色长发，蓝绿色眼睛，微笑表情。光线从右上方照射，穿浅紫色连衣裙，背景为淡灰色，整体风格柔和温暖。

4.2.4 使用可灵生成静物画

静物画是一种以表现静止物体为主题的绘画形式。通常，静物画展示的是日常生活中的无生命物品，如水果、花朵、器皿、书籍、玻璃瓶等。通过构图、光影、色彩和质感的处理，静物画可以表现物体的外观、质感和艺术美感。

在使用AI生成静物画时，有以下关键点需要注意，以确保生成的作品符合期望并展现出理想的艺术效果。

（1）构图和排列

静物画的构图决定了物体在画面中的摆放位置和整体视觉平衡，需要注意描述物体的摆放方式，避免画面显得凌乱或不协调。

（2）动态与静态

尽管静物画通常是静态的，但可以通过某些元素（如散落的水果、翻开的书页）来增加动感，赋予画面更多生气。

（3）光线与阴影

指定光源的位置（如从左侧照射或从上方照射），光线和阴影的变化会直接影响画面的质感和立体感。柔和的光线适合营造平静的气氛，而强烈的光影则能增强物体的立体感。

如图4-14所示为使用可灵生成的静物图示例。

图 4-14

提示词： 生成一幅静物画，包含苹果、葡萄和陶瓷碗，光线从左侧照射，背景为深棕色木桌，风格写实，突出物体的质感和光影。

4.2.5　使用可灵生成抽象画

抽象画是一种不直接描绘现实世界中具体物体或场景的艺术形式，它强调形状、颜色、线条、纹理和形式的表现，而非具象的再现。抽象画往往通过非常图形来表达情感、思想或概念，而不是重现现实的外观。

在使用AI生成抽象画时，需要注意以下关键点来确保生成的作品符合预期并展现出抽象艺术的特点。

（1）形状和构图

在抽象画中，使用的形状是自由的，甚至可以使用不规则的形状，抑或是经过设计的结构化形状。用户可以指定画作由随意的线条和形状构成，如不规则构图、曲线、圆形等。

（2）情感或概念表达

抽象画往往传递情感或概念，用户可以通过提示词告诉AI要传达的情感或主题，如“和谐”“混乱”“自由”“孤独”。

（3）风格参考

如果希望生成特定风格的抽象画，可以在提示词中添加特定的艺术流派或艺术家风格（如立体主义、表现主义），这样AI能更好地模仿该流派的风格特点。

如图4-15所示为使用可灵生成的抽象画示例。

图 4-15

提示词： 生成一幅抽象画，使用大胆的红色和黑色，包含不规则的几何形状和动态的线条，营造出强烈的视觉对比和能量感。

4.3 使用可灵生成不同风格的画作

从古典的印象派到精准的现实主义，再到富有奇幻色彩的超现实主义，用户只需通过精确的提示和细致的描述，就可以让可灵生成不同风格的绘画作品。

4.3.1　绘画风格提示词参考

在利用AI技术进行艺术创作时，准确的提示词是生成风格化绘画作品的关键。通过提供明确的绘画风格提示词，用户可以引导AI生成符合特定艺术风格的图像，从而创作出个性化和富有创意的作品。

在使用AI生成不同风格的画作时，绘画风格提示词能够帮助AI理解并模仿某种特定的艺术表现手法。以下是一些常见绘画风格的提示词参考，用户可以根据需求用AI生成各类风格的作品。

1. 印象派绘画

特点：捕捉光影变化，使用松散的笔触和丰富的色彩，画面充满动感和自然光。

提示词示例："生成一幅印象派风格的风景画，使用柔和的色彩，短促的笔触，光线充满变化，突出晨曦中的湖面倒影。"如图4-16所示为该示例的展示图。

图 4-16

2. 现实主义绘画

特点：追求对现实的精确再现，细节丰富，画面忠实于生活中的真实场景。

提示词示例："生成一幅现实主义风格的农田场景，细致描绘工人劳作的细节，展现自然环境中的真实生活状态。"如图4-17所示为该示例的展示图。

图 4-17

3. 超现实主义绘画

特点：结合现实与梦境，画面中的元素通常具有虚幻、怪诞或神秘的特点。

提示词示例：“生成一幅超现实主义风格的画作，呈现天空中飘浮的城市，梦幻色彩和不合逻辑的物体组合，营造奇幻感。”如图4-18所示为该示例的展示图。

图 4-18

4. 表现主义绘画

特点：通过夸张的色彩和变形的形状，表达强烈的情感，常常表现内心世界或社会冲突。

提示词示例："生成一幅表现主义风格的肖像画，面部表情夸张，色彩对比强烈，突出人物内心的情绪波动。"如图4-19所示为该示例的展示图。

图 4-19

5. 未来主义绘画

特点：表现速度、运动和现代技术，通常画面充满动感和机械元素。

提示词示例："生成一幅未来主义风格的城市场景，表现车辆高速移动的动态效果，色彩与光影充满活力和速度感。"如图4-20所示为该示例的展示图。

图 4-20

6. 立体主义绘画

特点：同时从多个角度表现物体，打破传统透视法，图形具有碎片化的特点和几何感。

提示词示例："生成一幅立体主义风格的静物画，物体被分割成多个几何形状，呈现多角度的视角重叠。"如图4-21所示为该示例的展示图。

图 4-21

7. 极简主义绘画

特点：去除复杂的细节，采用简单的几何图形和有限的色彩，追求简洁和纯粹。

提示词示例："生成一幅极简主义风格的画作，使用简洁的方形和纯色背景，强调空白和对称性。"如图4-22所示为该示例的展示图。

图 4-22

4.3.2　使用可灵生成印象派绘画

印象派是一种19世纪后期兴起的艺术流派，主要在法国发展。印象派画家们致力于打破传统艺术中的写实主义，关注瞬间光线、色彩的变化及主观感受的表达。这个流派得名于克劳德·莫奈（Claude Monet）的画作《印象·日出》（*impression, Sunrise*），它标志着这一全新艺术风格的诞生。

在使用AI生成印象派绘画作品时，以下几点是需要特别注意的，以确保生成的作品符合印象派风格的特点。

（1）光影变化的表现

印象派的核心是对自然光线的捕捉和对瞬时光影变化的表现。提示词中应强调不同时间和不同天气条件下的光影效果，例如黎明、黄昏、阳光穿透树叶或反射在水面上。

（2）短促的笔触与松散的细节

印象派作品通常使用明显的、短促的笔触而非细腻的细节来描绘画面，在用AI生成画作时要注意这一点，可以通过提示词要求生成松散的笔触，避免过于写实的描绘。

（3）非对称的开放式构图

印象派绘画往往采用开放式构图，打破了传统的对称和中心布局。用户可以在提示词中加入一些非传统的构图元素，让画面显得自然、随意。

如图4-23所示为使用可灵生成的印象派绘画示例。

图 4-23

*提示词：*生成一幅印象派风格的日落风景画，使用柔和的色彩和短促的笔触，捕捉阳光照耀在湖面上的闪烁光芒，天空呈现渐变的橙色与紫色，湖边的树木在微风中轻轻摇曳，整体画面充满光影的变化和自然、宁静的氛围。

4.3.3 使用可灵生成现实主义绘画

现实主义绘画是一种艺术风格，起源于19世纪中叶，旨在通过忠实地再现生活中的真实场景来描绘社会、自然和日常生活。现实主义画家反对浪漫主义的理想化表现，转而专注于展现普通人的生活、自然世界的真实面貌以及社会问题。

在使用AI生成现实主义绘画作品时，需要注意以下几点，以确保作品符合现实主义绘画的特点。

（1）细节与真实再现

现实主义的核心是对现实世界的细致再现，因此在提示词中应要求AI强调对物体、人物、环境的细节描绘，避免抽象或夸张的表现方式，追求精确和真实。

（2）环境与背景的详细刻画

现实主义强调场景的真实感，因此背景和环境的细节描绘也非常重要。用户可以在提示词中要求AI详细描绘环境中的物品、自然元素或建筑物等。

（3）自然光线与色彩

现实主义画作中的光线通常是自然的、未经修饰的，而色彩也趋于真实还原物体的自然状态。因此，在用AI生成画作时可以通过提示词强调自然光照的场景和真实色彩。

如图4-24所示为使用可灵生成的现实主义绘画示例。

图 4-24

提示词： 生成一幅现实主义风格的城市街道场景，雨后湿润的街道上，行人穿着雨衣撑伞走过，地面上的积水反射出街灯的光芒，建筑物的墙面上显现出自然的老化痕迹，整体画面呈现出真实的城市生活气息。

4.3.4　使用可灵生成超现实主义绘画

超现实主义绘画（Surrealism）是一种20世纪兴起的艺术运动，旨在探索和表达潜意识、梦境和不理性的想象。超现实主义画家通过奇异、梦幻的景象打破现实的逻辑，以寻求一种更深层次的真实和内心的自我。

在使用AI生成超现实主义绘画时，需要注意以下几点，以确保作品符合超现实主义的风格和特点。

（1）梦幻与非理性元素

超现实主义绘画作品中通常充满了奇异和不理性的元素。提示词中应包含表现梦境般或奇特场景的元素，如变形的物体、非现实的组合等。

（2）细致的写实技法

尽管内容奇异，但超现实主义画作通常使用细致的写实技法来增强画面的真实感。在提示词中可以要求AI细致地描绘细节，使画面的奇异元素看起来更逼真。

（3）象征与隐喻

超现实主义画作常通过象征和隐喻来传达复杂的情感和思想。在提示词中可以加入这些象征性元素，如带有深意的图像或物体组合。

如图4-25所示为使用可灵生成的超现实主义绘画示例。

图 4-25

*提示词：*生成一幅超现实主义风格的画作，展示一个飘浮在空中的梦幻城市，建筑物扭曲并悬浮在空中，天空中飘浮着巨大且变形的物体，如时钟和书籍，地面上有一条蜿蜒的彩色河流，整个场景充满了不现实的光影和奇异的色彩组合。

4.4 使用可灵生成 CG 插画

在数字艺术领域，计算机图形插画（CG插画）作为一种现代的绘画形式，凭借其高度的精确性和丰富的表现力，已经成为众多视觉艺术项目的核心。可灵通过其强大的生成模型和智能算法，能够快速将创意构思转化为生动、细腻的插画作品，满足不同媒介和项目的需求。

4.4.1 CG 插画提示词参考

CG插画（Computer Graphics Illustration），即计算机图形插画，是指使用计算机软件和技术进行创作的插图。这种插画形式依赖于计算机图形技术，通过各种数字工具和软件来完成设计和绘制工作。CG插画可以应用于各种媒介，包括书籍、杂志、广告、游戏、电影等。

在使用AI生成CG插画时，可以参考以下这些常用的提示词，可以帮助大家更好地指导AI生成高质量的插画。

1. 概念艺术插画

内容：用于视觉化创意和设计概念，常见于电影、游戏和动画项目中，帮助设计人员确定角色、场景和整体风格。

示例：生成一幅未来城市的概念艺术插画，展示高科技摩天大楼、悬浮的交通工具和发光的广告牌。城市背景呈现夜晚的科技氛围，远处可见星际飞船和科幻场景。如图4-26所示为该示例的展示图。

图 4-26

2. 角色设计插画

内容：专注于设计和表现角色的外观、服装、动作和表情，广泛应用于游戏、动画和漫画。

示例：生成一幅中世纪风格的奇幻角色的插画，角色穿着华丽的盔甲，手持闪亮的剑和盾牌，头盔上镶嵌宝石，背景是一个古老的城堡，角色的表情威严且自信。如图4-27所示为该示例的展示图。

图 4-27

3. 环境艺术插画

内容：描绘虚拟世界或场景，包括自然景观、建筑物和室内设计，常用于游戏和影视作品中。

示例：生成一幅迷人的异世界森林场景，背景是高耸的树木、发光的植物和神秘的瀑布，森林地面上铺满了五彩斑斓的花朵和蘑菇，光影效果营造出奇幻的氛围。如图4-28所示为该示例的展示图。

图 4-28

4. 科幻场景插画

内容：描绘科幻或奇幻题材，展示虚构的生物、科技和环境。

示例：生成一幅壮观的外星球插图，展示一颗拥有巨大环带和奇异生物的星球，背景是多彩的宇宙深空，星球表面有发光的矿石和异形植物。如图4-29所示为该示例的展示图。

图 4-29

5. 幻想场景插画

内容：幻想场景插画常用于展现虚构的世界和奇异的生物，包括魔法世界、神秘生物、幻想建筑和超现实的自然景观。这样的插画通常用于游戏、小说封面、电影概念艺术等领域。

示例：生成一幅幻想场景的CG插画，展示一个被悬浮的岛屿和巨大的瀑布环绕的魔法世界。悬浮岛屿上生长着发光的奇异植物和宏伟的浮空城堡，瀑布的水流呈现出彩虹色的光辉，背景是布满星星的深邃宇宙，整体画面充满神秘和奇幻的氛围。如图4-30所示为该示例的展示图。

图 4-30

4.4.2 使用可灵生成角色设计插画

角色设计插画是一种视觉艺术形式，旨在为游戏、动画、漫画、电影等创意项目设计和展示角色形象。角色设计插画通过绘画的方式，详细刻画角色的外貌、服饰、姿态、个性及特征，以便让角色在视觉上具有独特性和识别度。

在使用AI生成角色设计插画时，需要注意多个方面，以确保最终生成的角色形象符合项目要求。

（1）明确角色的背景和定位

在生成角色插画前，首先要明确角色的身份、背景故事、性格特征等基本信息。不同的背景设定（如奇幻、科幻、现代等）会影响角色的整体设计风格。

确定角色的受众群体，确保角色的设计符合预期风格。例如，儿童向的角色可能更为可爱、简洁，而成人向的角色可能更复杂和富有细节。

（2）细节与特征

面部特征是辨识角色的重要元素，要根据角色的性格、情感设定来决定面部的设计。例如，严肃的角色通常具有锐利的五官，而温和的角色通常五官柔和。

服饰设计应与角色的背景设定相契合，考虑到文化、时代、身份和环境。例如，科幻角色可能穿着带有未来科技感的服装，而奇幻角色可能穿着盔甲或魔法服装。

角色的武器、饰品、科技设备等配件设计应与角色的能力和背景保持一致，并能增强角色的个性。

（3）动作和姿态

在生成角色设计时，可以为AI指定不同的姿态（如战斗姿势、休闲姿态），以展现角色的性格和状态。姿态的选择有助于突出角色的独特性。

在用AI生成角色时，注意角色肢体的比例和动作要符合生理常识，特别是运动中的角色要有合理的动态感。

如图4-31所示为使用可灵生成的角色设计插画示例。

*提示词：*生成一幅赛博朋克风格的角色设计插画，展示一名身穿高科技盔甲的女性战士。她的盔甲上有发光的能量管，头戴半透明的科技头盔，手持带有未来科技感武器。角色站在城市的高楼屋顶上，背后是闪烁的霓虹灯光。整体色调为冷色调，突出科技感和未来感。

图 4-31

4.4.3 使用可灵生成科幻场景插画

科幻场景插画是一种以未来或超现实的科技为主题，描绘虚构的环境、建筑、科技和人物的插画类型。它通常包含未来的城市、外星世界、太空旅行、先进的科技装置或机器人等元素。科幻场景插画通过对未来科技、异星环境或超自然现象的设想，创造出充满幻想和未知的视觉效果。

在使用AI生成科幻场景插画时，需要注意以下几个关键点，以确保场景设计符合科幻风格。

（1）设定清晰的主题和背景

确定场景的时代、地点和环境背景，例如，未来城市、外星球、太空站等，根据主题设定调整插画的元素和风格。

（2）科技与未来元素的运用

建筑风格：未来城市的建筑通常具有极简、流线型的特点，带有透明玻璃、发光材质等元素。外星建筑可能更加奇异，带有独特的形状和材质。

飞行器与交通工具：在科幻场景插画中，悬浮的交通工具、飞船等是常见的元素。用户可以提示AI在场景中加入这些科技感十足的道具。

高科技装置：全息投影、激光武器、能量光束等科幻元素可以增强未来感，使场景充满技术细节。

（3）色彩搭配与氛围感

未来感的色调：科幻场景常使用蓝色、紫色、绿色等冷色调，结合霓虹灯光效，突出科技感和未来感。用户可以提示AI选择特定的色彩主题来营造科幻氛围。

氛围设计：根据场景的情感表达，可以调整AI生成的光线和色调。明亮、冷色调可以增强科技感和未来感，而深色、阴郁的场景则可能暗示灾难或战争后的未来世界。

如图4-32所示为使用可灵生成的科幻场景插画示例。

图 4-32

提示词： 生成一幅未来太空城市的科幻场景插画，展示一座飘浮在地球大气层边缘的城市。城市由流线型的高科技建筑构成，建筑物外墙上有蓝色能量光束。天空中悬浮着小型太空飞船，远处可以看到环绕地球的太空站。色调为冷色调，城市的光影效果突出未来科技感，背景为明亮的宇宙星空，散落着星星和银河。场景充满未来感和广阔的空间感。

4.4.4 使用可灵生成幻想场景插画

幻想场景插画是一种描绘神秘、超自然或超现实的虚构世界的艺术形式，通常以奇幻、魔法、生物、异域环境等元素为主，具有极强的想象力。它常见于奇幻小说、角色扮演游戏、影视剧等媒体中，用于构建虚构世界、魔法王国、神话传说或超自然事件的视觉表达。

（1）明确的世界观设定

设定清晰的背景：幻想场景通常设定在虚构的世界中，因此需要明确设定世界观，包括时间（中世纪风格、未来）、地点（浮空岛、神秘森林、远古遗迹等），以及整体氛围（明亮、梦幻、阴暗等）。

融合神秘元素：魔法、神话、异次元生物等是幻想场景中常见的元素。在提示词中，明确这些元素的细节，让AI更好地理解用户期望的世界。

（2）光影与氛围

光源设计：幻想场景中的光影效果非常重要。魔法光束、月光、星空等独特的光源能够增强场景的神秘感。在提示词中，可以提到光线的类型和来源，例如蓝色的魔法光、温暖的日光等。

色彩搭配：幻想场景的色彩可以更加大胆、饱满。提示AI时可以强调使用冷暖对比（如蓝色的魔法光与橙色的火焰），或者梦幻的色调（紫色天空、粉色雾气），以营造特定的氛围。

（3）自然与建筑设计

非现实环境设计：自然环境的设计可以不拘泥于现实，提示AI生成奇特的山脉、发光的森林、飘浮的岛屿等。此外，可以加入异形植物或生物，增强幻想感。

奇幻建筑物：城堡、塔楼、神庙等是常见的幻想场景建筑元素。在提供给AI的提示词中，可以描述建筑的古老、神秘感，以及它们的独特结构和材质，如浮空的城堡、石雕柱子上刻有符文。

如图4-33所示为使用可灵生成的幻想场景插画示例。

图 4-33

提示词： 生成一幅幻想场景插画，展现一座飘浮在空中的古老城堡，城堡周围悬浮着巨大的岩石。城堡的塔尖散发出微弱的蓝色魔法光芒，空中盘旋着一条黑色巨龙。背景是一片紫色星空，星光闪烁。整个场景充满神秘和梦幻色彩，场景中加入飘浮的云朵和若隐若现的符文。

第5章 可灵AI的更多创意应用

随着人工智能技术的不断进步，可灵AI在各类创意领域的应用变得越来越广泛和深入。除了传统的图像生成和绘画创作，AI的强大能力已扩展到设计、摄影、影视制作等多个领域。

5.1 可灵在设计领域的应用

在设计领域，创新与效率是成功的关键。可灵AI作为一种先进的人工智能工具，正在深刻改变设计行业的工作方式。它不仅能够快速生成各种视觉效果，还能提供灵感和优化设计流程，从而帮助设计师更高效地实现创意和目标。

5.1.1 使用可灵制作LOGO

LOGO设计实际上并不是一件容易的事，整体流程涉及对品牌的核心价值、目标受众、文化特点等要点的把握，还要在视觉表现上兼具原创性、易于记忆、美观、简洁、识别性强等特点。

根据笔者的实践，可灵生成的LOGO并不能直接使用，因为许多LOGO都是品牌名称缩写的变体。但如果LOGO的设计方案中可以出现图形，则先可以使用可灵AI生成有创意的图形，再由人工设计文本部分，最后相结合，形成一个完整的LOGO。

例如，图5-1设计的是一个毕加索风格，以极简线条绘制的龙形LOGO。图5-2设计的是一个熊猫冰激凌LOGO。

提示词： LOGO设计，标志设计，平面矢量，前视图，中国龙头，立体主义，毕加索风格，极简线条风格。

图 5-1

提示词： 熊猫冰激凌品牌的标志设计，简单，矢量，迷幻艺术，极简线条风格。

图 5-2

5.1.2　使用可灵制作海报

海报是一种用于宣传、推广或传达信息的视觉艺术形式。它通过图像、文字、颜色和布局的组合，迅速吸引观众的注意力，并有效地传达核心信息。

要使用可灵制作海报，需要注意确定海报的主题和目的。包括确定海报的使用场景（如活动宣传、广告推广、电影海报等）、核心信息和视觉风格。

例如，图5-3所示为一则咖啡店的海报，使用的是温馨、舒适的设计风格。图5-4所示为一张音乐节海报，该设计充满活力和青春感。

图 5-3

*提示词：*创建一张用于咖啡店秋季新品推广的海报，海报上写着“Coffee”，使用秋季的温暖色调，如橙色、棕色和深红色，背景搭配秋叶和咖啡杯的插图，整体风格要温馨舒适，传递季节感和美食氛围。

图 5-4

*提示词：*创建一张音乐节海报，海报上写着“Music”，设计风格要充满活力和青春感，使用明亮的色彩如黄色和橙色，配有动感的图形元素。

5.1.3 使用可灵制作包装

包装设计是指将产品装入特定的容器中，然后通过不同的形式、材料、结构、图案、文字等多种因素的有机结合，以在外部环境中展示和运输产品，并实现宣传和推广产品的目的。

在使用可灵设计包装时，不仅可以多次重复一组提示语，以生成不同效果的方案，也可以从一个方案开始，通过使用“参考图 / 垫图”功能对包装设计方案进行微调，得到多款可供参考的方案。如图 5-5 所示为针对一款水果饮料的包装设计。

图 5-5

提示词： 瓶装果汁包装设计，多彩品牌，现代，白色背景，产品形象。

将第四张图片使用“参考图/垫图”功能，并添加关键词“抽象风格”，得到图5-6所示的4个风格稍微抽象一些的包装方案。

图 5-6

5.1.4　使用可灵生成服装设计图

服装设计图是指将设计师的创意想法转化为实际可穿着的服装效果图，根据可灵的特点，创作者不仅可以尝试使用可灵来展现不同服装的创意造型，还可以很方便地展示不同图像印刷在衣服上的效果。

为了正确描述服装的类型，创作者需要了解以下不同服装的关键词。

连帽衫、棒球夹克、羽绒服、风衣、针织衫、运动夹克、牛仔夹克、衬衫、西服、短袖、长袖、圆领、马甲、短裤、运动裤、雨衣、皮衣、牛仔衣、牛仔裤、毛衣、晚礼服、中山装、唐装、工作服、迷彩服、汉服、POLO衫、打底裤。

为了正确描述服装的部位及构件，创作者需要了解以下关键词。

领口、领带、翻领、扣子、袖口、袖子、腰带、裤腰、裤腿、衬衫领、衬衫袖、胸部、胸口袋、拉链。

下面是使用不同的提示词设计的较为前沿的服装款式，如图5-7所示为巨型花朵服装，如图5-8所示为塑料垃圾时尚服装。

图 5-7

*提示词：*美丽的模特穿着一朵巨大的花作为裙子，时尚照片，白色背景。

图 5-8

*提示词：*塑料废料时尚服装，时尚照片，白色背景。

5.1.5　使用可灵生成沙发设计图

沙发设计图用于展示沙发的外观、结构、尺寸及功能细节。这类设计图通常用于沙发的生产和制作阶段，帮助生产团队更准确地了解设计师的构思和要求。

材质选择对沙发的美观度和舒适度至关重要，设计图中应清晰地展示材质的质感和颜色，并考虑实际使用中的舒适度。

如图5-9所示为使用可灵生成的沙发设计图，沙发采用了浅蓝色的棉麻面料，具有自然质感，触感舒适，同时符合北欧风格偏爱的自然环保材料。这类材质透气性好且视觉上显得柔和，增强了整个空间的温馨感。

图 5-9

*提示词：*创建一款北欧风格的双人沙发，采用浅蓝色棉麻面料，木质扶手和腿部设计，座椅和靠背使用高密度海绵填充。设计简约，线条柔和，适合小户型公寓的客厅或卧室。

5.1.6　使用可灵生成古典欧式建筑效果图

古典欧式建筑效果图是一种通过绘画、渲染或数字工具呈现的视觉图像，旨在展示古典欧式建筑的外观、结构和设计风格。这类效果图通常包括建筑物的细节特征，如柱廊、拱门、雕刻装饰、对称结构及豪华的外墙装饰等，通过图像帮助人们预览和理解建筑设计的外观。

古典欧式建筑有以下特点。

（1）对称结构：古典欧式建筑通常以严格的对称为基础，展示建筑物的平衡美感。

（2）精细雕刻：效果图中会展示精细的雕刻和装饰细节，如花纹、雕塑和浮雕，典型的有巴洛克、洛可可和新古典主义风格。

（3）石材和大理石质感：建筑外墙和柱子常用大理石或其他石材，效果图中会体现这种质感，带来厚重感和历史感。

（4）拱门和圆顶：在效果图中会详细呈现欧式建筑常见的圆顶和拱门，表现出建筑的宏伟气势。

（5）窗户和阳台：大面积的拱形窗户、阳台栏杆及繁复的窗框设计也会体现在效果图中，彰显建筑的富丽堂皇。

如图5-10所示为使用可灵生成的古典欧式建筑效果图示例。

图 5-10

提示词：一座宏伟的古典欧式建筑，拥有圆顶和对称的立面，装饰着高大的石柱、错综复杂的巴洛克风格雕塑和精致的造型。

5.2 可灵在摄影领域的应用

随着人工智能技术的不断发展，AI摄影已经成为当今摄影界的热门话题。利用AI技术生成的摄影作品更加细腻、生动、自然，同时也提高了摄影师的创作效率和作品的精美度。本节将介绍可灵在摄影领域的应用。

5.2.1 使用可灵生成人像摄影作品

人像摄影是一种专注于拍摄人类形象的摄影题材，常用于拍摄人物的面部、身体、姿态和表情等方面，旨在通过摄影作品传达出被拍摄者的情感、特质和面貌。人像摄影广泛应用于艺术创作、商业广告和个人纪念等领域。

在通过AI生成人像摄影作品时，用户需要注意构图、光线、色彩和表情等关键词的描述，以营造出符合主题和氛围的画面效果，让AI生成的人像照片更具表现力和感染力。同时，用户需要选择合适的背景、角度和距离等关键词，以展示出画面中人物的个性和特点。

一些常用的AI摄影提示词类型有以下几种。

（1）镜头类型：标准镜头、广角镜头、超广角镜头、长焦镜头、微距镜头、鱼眼镜头。

（2）画面景别：远景、全景、中景、近景、特写。

（3）拍摄角度：俯拍、仰拍、平视、侧拍、斜拍、正面拍摄和背面拍摄。

（4）光线角度：正面光、背光、侧光、逆光。

（5）构图方式：主体构图、三分线构图、九宫格构图、黄金分割构图、斜线构图、对称构图、透视构图等。

如图5-11所示为使用可灵生成的人像摄影作品示例。

图 5-11

提示词： 人像摄影，上身特写，肌肤白皙，东方古色古香的美女，红纱裙，轮廓光，大眼睛，优雅，复杂的细节，惊艳，高完成度，高清，高质量，极致细节，超细节，4K分辨率

5.2.2　使用可灵生成风光摄影作品

风光摄影是指通过拍摄来记录和表现自然风光的一种摄影题材，例如拍摄广阔的天空、高山、大海、森林、沙漠、湖泊、河流等各种自然景观。风光摄影主要用于展现大自然的美丽和神奇之处，让观众感受到自然的力量和魅力。

在使用可灵生成风光摄影作品时，不仅需要输入合理的光线和构图等关键词，还需要注意景深的描述，营造出画面的层次感和深度感。

如图5-12所示为使用可灵生成的风光摄影作品示例。

图 5-12

提示词： 透过火星上的泥土看到一座山，杜塞尔多夫摄影学院的风格，深色调色板明暗对比，尼康 D850，浅品红色和银色，虚幻引擎5。

为了模拟出真实的风光摄影效果，在关键词中加入了尼康 D850，这是尼康一款单反相机的型号。

5.2.3 使用可灵生成动物摄影作品

动物摄影是记录和表现各种动物外貌和行为的摄影题材。在使用AI生成动物摄影作品时需要使用光线、构图、焦距、景别、摄影风格等关键词，以绘制出真实、自然的动物效果图。

如图5-13所示为使用可灵生成动物摄影图的示例。

图 5-13

提示词： 一只蓝色和金色的翠鸟坐在树枝上，上面有地衣，采用深青色和白色的风格，柔和的大气光线，哈苏 H6D-400C，浅翡翠色和橙色，深蓝绿色和天蓝色，眨眼就错失的细节，32K 超高清。

在关键词中主要描述了小鸟的动作、颜色和背景等，并指定了摄影风格为32K 超高清，还添加了哈苏的一款相机型号，让生成的画面更为真实、自然。

5.2.4　使用可灵生成黑白摄影作品

黑白摄影作品是指没有颜色，仅通过不同的灰度、亮度和对比度来表现画面内容的照片。它使用从纯黑到纯白的灰阶来构建影像，重点放在光影效果、构图、纹理和情感表达上，而非色彩本身。

如图5-14所示为使用可灵生成的黑白摄影作品示例。

图 5-14

*提示词：*创建一张高对比度的黑白照片，照片中一位老人独自坐在公园的长椅上。男人的脸上布满了深深的皱纹，传达着一种智慧和怀旧的感觉。柔和的阳光穿过树木，在地面上投下阴影，同时强调男人的皮肤和风化的双手的纹理。背景以模糊的公园元素为特色，如远处的树木和空长椅，营造出一种孤立感。整体氛围应该带有反光且是永恒的，专注于光线、阴影和纹理的复杂细节。

在上述提示词中强调了光影效果、纹理、情感表达等黑白摄影图中的关键要素，能够帮助AI生成具有深度和情感的黑白图像。

5.2.5　使用可灵生成微距摄影作品

微距摄影作品（Macro Photography）是一种专注于拍摄距离非常近的物体的摄影风格，通常用于捕捉微小物体的细节和纹理，以展示肉眼难以观察到的精细之处。微距摄影通常使用专门的镜头或设备，将被摄对象以1：1的比例还原，或者放大到更大的比例，甚至能够将物体的细微结构清晰地展现出来。

如图5-15所示为使用可灵生成的微距摄影作品示例。

图 5-15

提示词：花瓣上的小水滴，微距拍摄，佳能7，柔和，浪漫的场景，闪亮/光泽，品红色和绿色，轻弹。

5.2.6 使用可灵生成高速摄影作品

高速摄影作品（High-Speed Photography）是一种通过极高的快门速度捕捉瞬时运动或变化极快速场景的摄影技术。它能够记录肉眼无法捕捉的瞬间，比如子弹穿透物体、水滴溅起的瞬间、玻璃破碎等动态场景。高速摄影的核心在于精准捕捉那些发生在极短时间内的快速运动，通过冻结瞬间动作，展现相关细节。

如图5-16所示为使用可灵生成的高速摄影作品示例。

图 5-16

提示词：生成一张高速摄影图，捕捉水滴落入平静水面的瞬间。画面中的水滴刚刚与水面接触，产生了圆形的水波和飞溅的水花，清晰地展现出水滴破裂的瞬间。背景应模糊，使主体更加突出，光线柔和但足够亮，反映出水滴和水面的细腻纹理。整体风格应具有强烈的动态感和视觉冲击力，展现水的质感和流动性。

5.3　使用可灵制作电商广告

电商广告可以帮助企业更好地推销产品，提高品牌和店铺的知名度和销售额，促进企业的长期发展。本节将以一个女装店铺为例介绍使用可灵制作电商广告的操作方法，帮助大家掌握基本的流程和技术。

5.3.1　设计店铺LOGO

LOGO是店铺形象的重要组成部分，一个好的LOGO能够吸引消费者的注意力，提升店铺的形象和知名度。下面介绍使用可灵设计店铺LOGO的操作方法。

01 在使用可灵生成店铺LOGO时，可以从最简单的关键词开始，只给可灵最小的限制，如“LOGO设计和女装店铺”这两个最基本的需求，在“创意描述”文本框内输入相应的提示词，如图5-17所示。

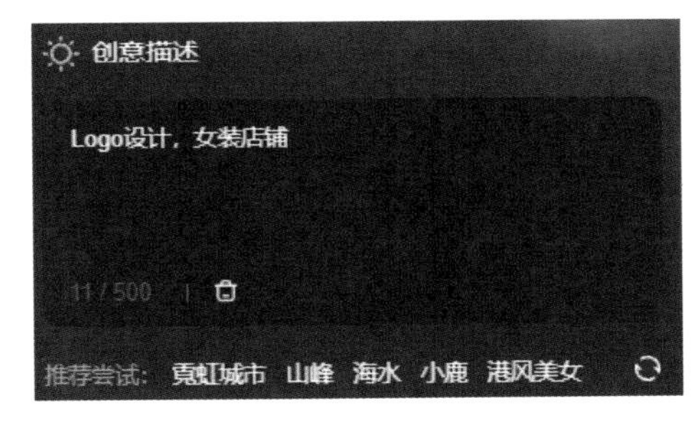

图 5-17

02 执行操作后，选择合适的参数设置，如“生成比例”和“生成数量”，这里默认为1：1和4张。单击“立即生成”按钮，即可生成相应的LOGO图片效果，如图5-18所示。

图 5-18

03 看到生成的LOGO效果后，根据自己的需求补充一些描述关键词，如“扁平化，2D，白色背景，简洁风，矢量”，如图5-19所示。

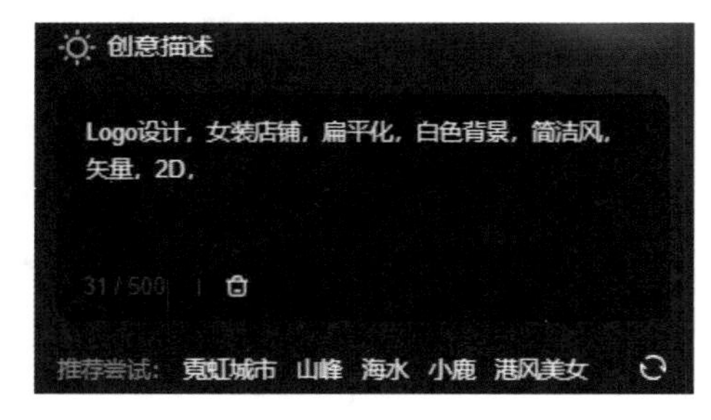

图 5-19

04 执行操作后，单击“立即生成”按钮，即可生成相应的LOGO图片，如图5-20所示。在生成店铺LOGO时，可以使用“参考图/垫图”功能，即可生成更多符合需求的LOGO图片效果。

图 5-20

提示：需要注意的是，可灵生成的字母或文字是非常不规范甚至是不可用的，用户可以在后期选定相应的图片后使用图片处理工具，如Photoshop（简称PS）等工具进行修改。另外，在使用可灵设计电商广告时，效果图的随机性很强，用户需要通过不断地修改关键词和反复生成图片来得到自己想要的效果。

5.3.2 设计产品主图

产品主图是指在电商平台或线下店铺中展示的展品首图，主要起到引流和提升转化率的作用。产品主图可以直接影响消费者对产品的第一印象，提升产品的美感和吸引力，从而激发消费者的购买欲望。下面介绍使用可灵设计产品主图的操作方法。

01 在可灵的“创意描述”文本框内输入相应的关键词，如图5-21所示。关键词主要描述产品的类型、颜色、款式、流行元素、风格等。

02 执行操作后，即可生成相应的产品图片，效果如图5-22所示。

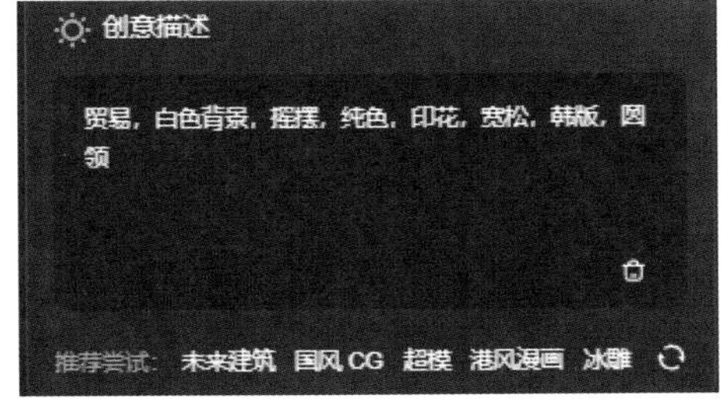

图 5-21

图 5-22

5.3.3　设计模特展示图

模特展示图是指用于展示服装、化妆品、珠宝、箱包、配饰等产品的模特摄影作品，通过模特的形象和气质塑造品牌的形象和风格，提升品牌的知名度和美誉度。模特展示图通过搭配不同的服装、配饰和化妆品等为消费者提供搭配指导和灵感，帮助消费者更好地选择和搭配产品。

下面是使用可灵生成模特展示图的具体操作步骤。

01 在可灵的“创意描述”文本框内输入相应的关键词，如图5-23所示。关键词主要描述模特的外观、服装和角度等。

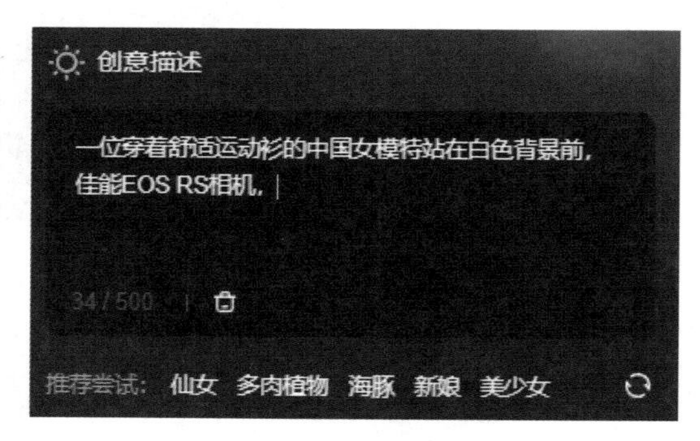

图 5-23

02 执行操作后，即可生成相应的图片，效果图如图5-24所示。

图 5-24

5.3.4 设计店铺海报

海报是网店的重要组成部分，可以提高店铺的访问量和转化率。一张好的海报可以吸引消费者的注意力，让他们停留在店铺中，了解更多关于品牌和产品的信息。下面介绍使用可灵生成店铺海报的操作方法。

01 在可灵的“创意描述”文本框内输入相应的关键词，如图5-25所示。关键词主要描述海报的色彩风格和主体内容，同时要注意尺寸的设置，需要符合电商平台海报的尺寸要求，如图5-26 所示。

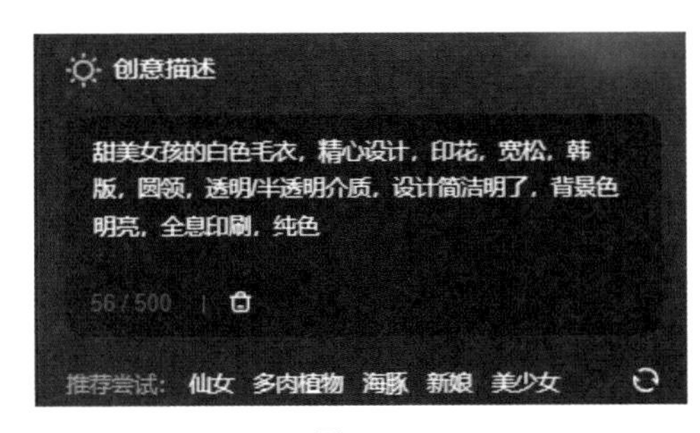

图 5-25

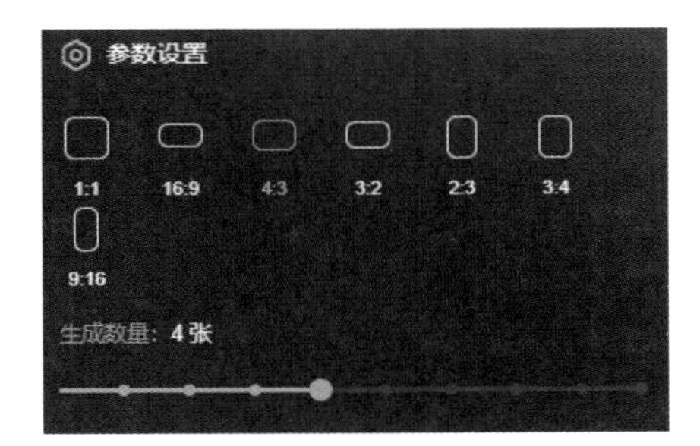

图 5-26

02 执行操作后，即可生成相应的店铺海报，效果如图5-27所示。

图 5-27

提示：用户可以在可灵AI生成的店铺海报的基础上使用PS（Photoshop）添加一些文案内容和促销标签，得到更加完善的海报效果，如图5-28所示。

图 5-28

【AI 视频篇】

第6章　AI与视频制作的关联

在如今的数字化时代，视频内容已经成为人们生活中不可或缺的一部分，从社交媒体到娱乐媒体，从教育培训到在线广告，无处不在的视频内容丰富了人们的日常体验。但制作高质量的视频对许多人来说仍然是一项挑战。正是在这样的背景下，AI视频生成工具应运而生，它们凭借先进的算法和强大的功能，旨在为用户提供一种快速、便捷的解决方案，帮助用户轻松制作出高质量的视频内容。

6.1 AI在视频制作领域中扮演的角色

AI技术的引入，将使得视频内容的创作门槛大大降低。普通用户仅需通过简单的文字描述，就能生成复杂的视频内容。这种易于操作的特性，将视频制作的能力推广到了更广泛的群体中，从而促进了内容创作的民主化过程。

6.1.1 辅助工具

尽管AI在视频制作领域展现了强大的自动化能力，但它的主要作用仍然是作为专业视频制作者的辅助工具，而不是完全替代他们。

AI擅长处理大量重复性高的基础任务，例如视频剪辑、字幕生成、音频调整等，从而帮助制作人员节省大量时间和精力。这种技术支持让创作者能够将更多注意力集中在核心的创意工作和策略制定上，如内容策划、叙事结构设计和视觉效果的创新表达。

因此，AI的介入不仅提升了工作效率，还为创作者提供了更多空间去专注于高质量的艺术创作，最终提高了视频作品的整体水准。

6.1.2 创意伙伴

AI不仅能够大幅加快视频的制作，还为创作者带来了全新的创意思维，推动个性化内容的诞生。对广告和营销行业来说，这意味着可以根据目标受众的具体需求，快速制作出更为个性的视频广告，提高营销的针对性和效果。下面是AI在视频领域提供创意的几个优势。

（1）创意建议和灵感生成

AI系统能够基于现有的创意和内容，提供智能化的创意建议和灵感。例如，AI可以建议新的剪辑方式、视觉效果或音乐风格，帮助创作者突破思维瓶颈，产生新颖的创意。

（2）高效的内容优化

AI还可以实时分析视频的表现，并提供优化建议。通过不断调整和优化，AI帮助创作者提升视频的质量和效果，确保其在各种平台上都能取得最佳表现。

（3）自动化的创意工具

AI技术如机器学习和深度学习能够自动化处理视频制作中的许多烦琐任务。例如，AI可以自动剪辑视频、生成特效、配乐或字幕，从而使创作者可以集中精力于更具创意的工作。

6.1.3 质量控制者

AI能自动识别视频中的物体、场景和情感基调，这对于内容审核、广告定位和内容推荐至关重要。另外，AI还能分析视频数据，收集有关观众行为、收视率和趋势的信息，以辅助决策制定和内容改进。

6.2 AI 在视频制作领域中的应用

随着AI技术的快速发展，视频制作正迎来一场技术革新。AI不仅提升了效率，还大大扩展了创意的边界。在这个过程中，AI的应用体现在多个方面，从素材生成到智能剪辑，从虚拟角色到场景设计，全面改变了视频制作的每一个环节。

6.2.1 素材生成

AI可以根据指定的主题或风格，自动生成各种类型的素材，包括图像、动画、视频片段等。这一功能极大地减少了创作者在寻找和创建素材上花费的时间。生成的素材不仅能够符合预设的风格要求，还可以通过AI算法生成新的视觉效果，使内容更加独特和丰富。

例如，在可灵的创意短片中所有视频素材都由可灵AI生成，如图6-1所示。

图 6-1

6.2.2 智能剪辑

传统的剪辑过程往往费时费力，而AI通过分析视频的节奏、情感和重要内容，能够自动完成初步剪辑。AI能够根据场景内容、镜头变化和音乐节奏等因素，自动识别和裁剪出最合适的片段，优化视频的流畅性和视觉连贯性。对于大规模的项目，智能剪辑能够显著提升效率，减少重复劳动。

例如，剪映中的一键成片功能可以帮助用户快速将多段视频或图片素材组合成一个完整的视频作品，如图6-2所示。

图 6-2

6.2.3 智能音效

AI在音效设计中也有广泛应用。它能够根据视频内容自动生成、匹配或调整背景音乐和音效。通过情感分析，AI可以判断视频的基调，并为不同场景选择合适的音效，增强情感共鸣。此外，AI还能在后期处理过程中自动消除背景噪声、调整音频平衡，确保视频的音质达到最佳水平。

例如，Pika软件中的Sound effects功能能够根据视频内容自动生成音效，也可以通过添加提示词，向它描述自己想要的声音，如图6-3所示。

图 6-3

6.2.4　虚拟角色与场景

AI的强大计算能力使得虚拟角色和场景的生成更加逼真。通过AI的建模技术，创作者可以快速生成复杂的三维角色和场景，而不再依赖于繁复的手工建模和动画制作。AI不仅能够模拟自然环境，还可以生成逼真的人物表情、肢体动作，甚至自主设计虚拟角色的互动行为，从而大幅提升视频制作的创意空间。

6.2.5　动态追踪与场景识别

AI的动态追踪和场景识别技术可以大幅简化后期特效的制作过程。通过计算机视觉，AI能够精准地识别视频中的物体、人物和场景，并进行实时追踪。这使得创作者在添加特效、调整画面或合成场景时更加精确。

例如，剪映中的跟踪功能是一种在视频编辑中非常实用的工具，它允许用户在视频中选定一个对象并跟踪其运动轨迹，然后将另一个图像、文字或效果应用到该对象上，如图6-4所示。

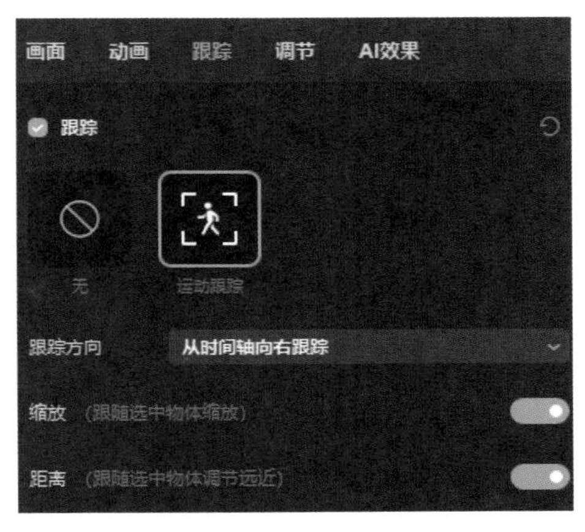

图 6-4

6.2.6　语音识别与自动字幕

语音识别技术使AI能够自动生成精准的字幕，无须手动输入。AI不仅能够识别不同语言的语音，还能通过上下文理解来优化字幕的准确性和连贯性。此外，AI还能根据语音内容调整字幕的展示时间和风格，确保字幕与视频画面完美同步，提升观众的观看体验。

例如，剪映的识别功能，即自动识别字幕功能，可以自动分析视频中的音频内容，并将其转化为文字形式，然后生成对应的字幕。在剪映里，为用户提供了两种非常方便的识别功能，就是“识别字幕”和“歌词识别”，如图6-5所示。

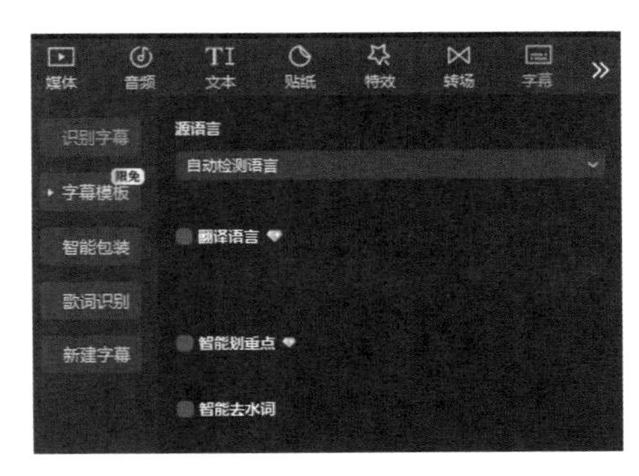

图 6-5

6.2.7 智能配色与调色

AI在视频的配色与调色方面也展现出了强大的能力。通过分析视频中的色调和亮度，AI可以自动调整画面的色彩平衡，增强视觉冲击力。此外，AI还可以基于特定的风格要求（如复古风、电影风格等）进行智能调色，让每个视频画面都符合预设的视觉风格或特定的艺术效果。对于需要统一色调的大型项目，AI能够自动保证视频风格的连贯性。

例如，剪映的智能调色功能通过自动分析视频画面，对颜色、亮度、对比度等参数进行智能调整，以达到更加生动、鲜明、富有艺术感的视觉效果。这一功能特别适用于那些希望快速改善视频质量，但又缺乏专业调色知识的用户，如图6-6所示为调色前的画面，如图6-7所示为调色后的画面。

图 6-6

图 6-7

6.2.8 智能推荐与优化

AI能够通过观众的观看行为、视频数据分析，提供智能推荐和优化建议。AI会根据观看时长、用户反馈和互动数据，评估视频的表现，并提供内容优化方案，例如剪辑修改、添加某些场景或调整视频节奏。这不仅可以帮助创作者制作出更受欢迎的内容，还能提高视频在不同平台上的传播效果。

6.3 视频制作领域的 AI 工具

人工智能技术的飞速发展促进了AI视频生成软件和AI视频编辑工具的爆炸式增长，人工智能可以根据用户提供的信息自动生成视频内容。本节将介绍一些常用的视频生成工具、视频剪辑工具、音频编辑工具和其他综合类工具。

6.3.1　视频生成工具

视频生成工具是一类利用人工智能技术，自动或半自动生成视频内容的应用程序或平台。这些工具通过分析输入的数据（如文本、图像、音频或现有的视频片段），结合AI算法生成符合需求的视频。它们可以极大地简化视频制作的流程，帮助用户快速生成高质量的视频，无须复杂的手动编辑。下面是一些常用的视频生成工具。

1. 可灵AI

可灵允许用户通过输入文字描述或图片内容来生成相应的视频内容。用户只需提供一段描述性文字或参考的图片内容，可灵AI就能根据这些提示生成对应的视频画面，例如输入提示词“秋天的枫树林，对称结构，虚化背景，构图简洁，高清细节，电影氛围感光影，极致的光线刻画，超高清摄影作品，宛如油画般的阳光”单击立即生成按钮，即可生成相应的视频内容，如图6-8所示。

图 6-8

2. 剪映（图文成片）

剪映的图文成片功能能够支持用户输入一段文字，然后智能匹配图片素材，添加字幕、旁白和音乐，自动生成视频。这种智能匹配和生成方式，大大降低了视频创作的门槛，使得擅长撰文但不擅长剪辑的创作者也能轻松制作出高质量的视频内容。下面介绍使用剪映进行图文成片的步骤。

01 打开剪映专业版，单击“图片成片”按钮，进入“图文成片”编辑界面，如图6-9所示。

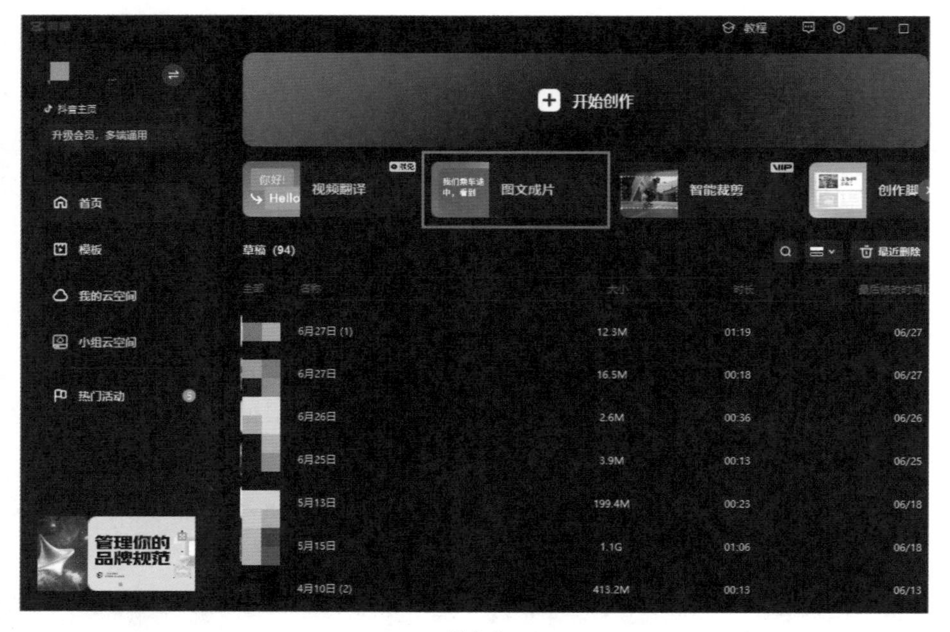

图 6-9

02 在“图片成片”编辑界面，可以选择自由编辑文案和智能生成文案，如图6-10所示。

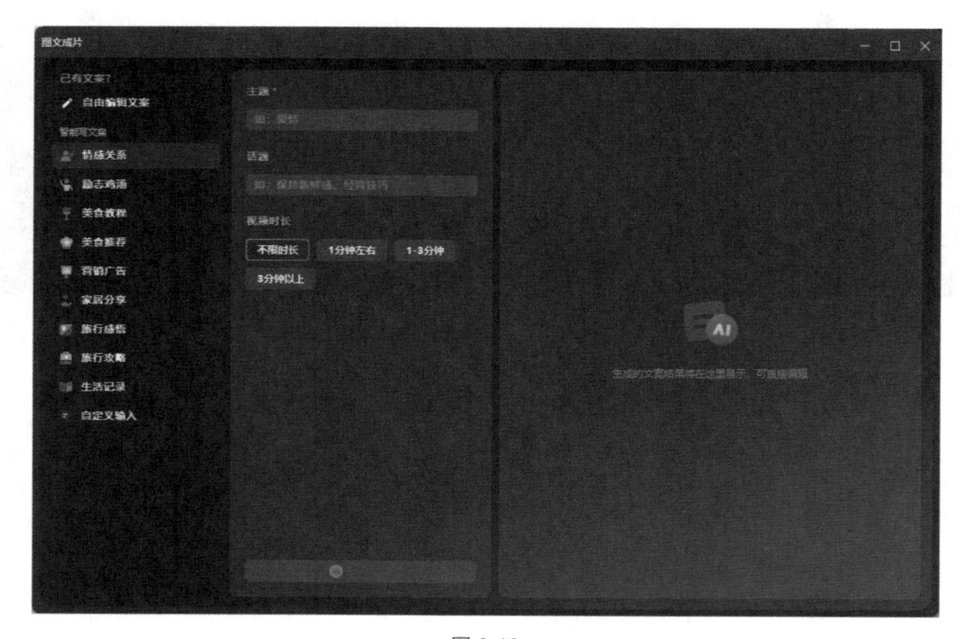

图 6-10

03 这里选择智能生成文案后，输入文案主题、话题，单击“生成文案”按钮，即可自动生成文案，如图6-11所示。

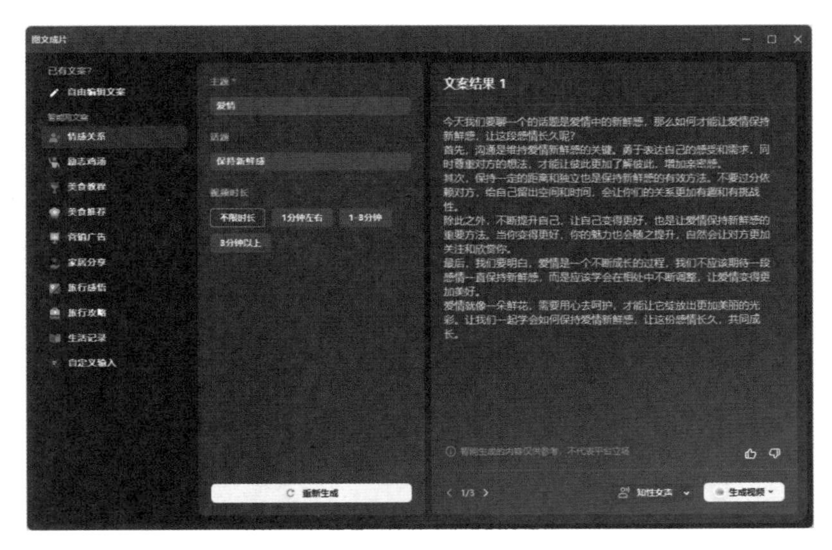

图 6-11

04 生成文案后，可以在界面右侧的文案结果中编辑文案，也可以单击下方的 > 按钮，查看生成的其他文案，如图6-12所示。

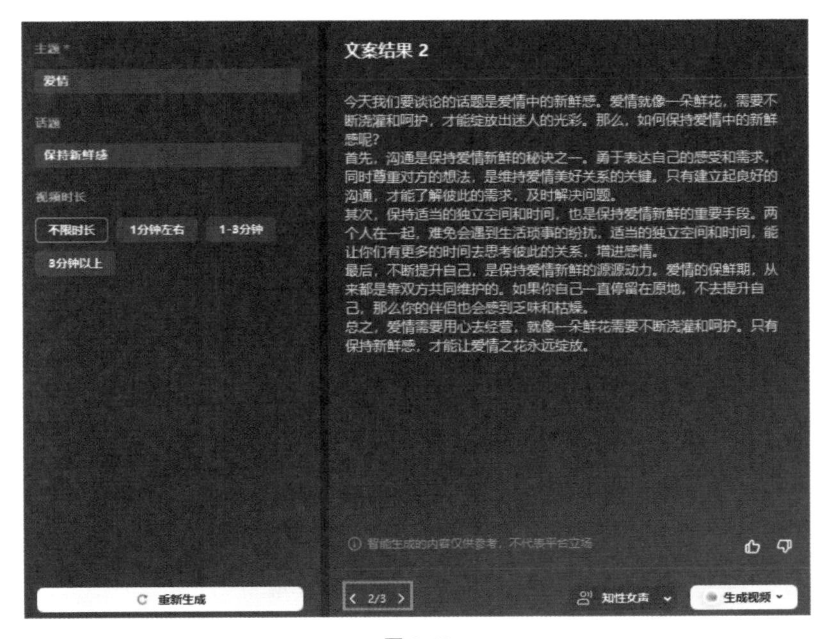

图 6-12

05 在界面中间位置可以调整视频时长，如“不限时长”“1分钟左右”等，也可以打开音效下拉列表，选择文案朗读音效，如图6-13所示。

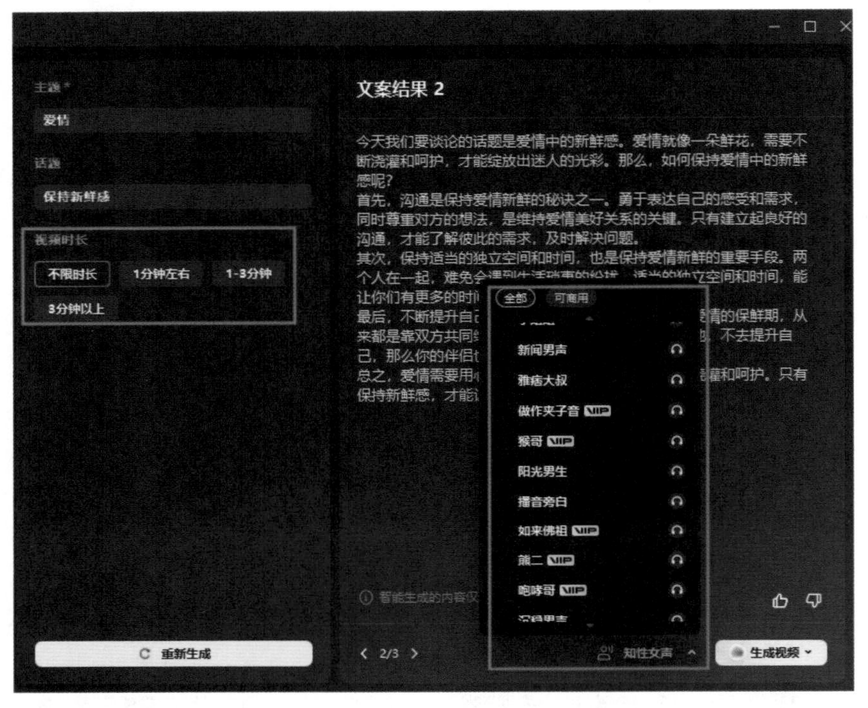

图 6-13

06 执行操作后，单击“生成视频”按钮，即可弹出成片方式列表框，用户可以选择“智能匹配素材”“使用本地素材”或“智能匹配表情包”等方式，如图 6-14 所示。

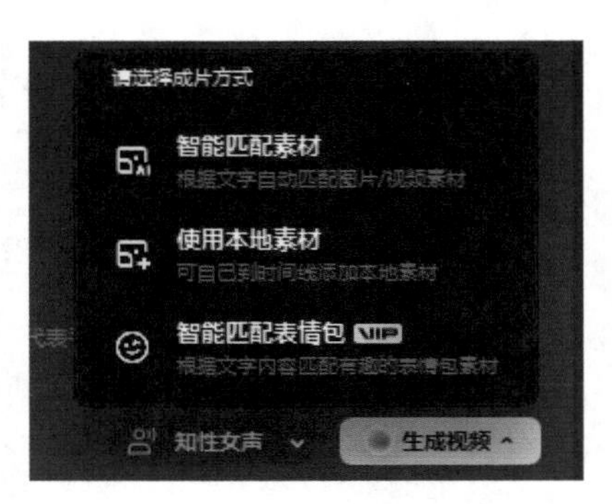

图 6-14

07 这里选择“智能匹配素材”选项，即可自动生成视频内容，并配上音频及文字等，如图6-15所示。

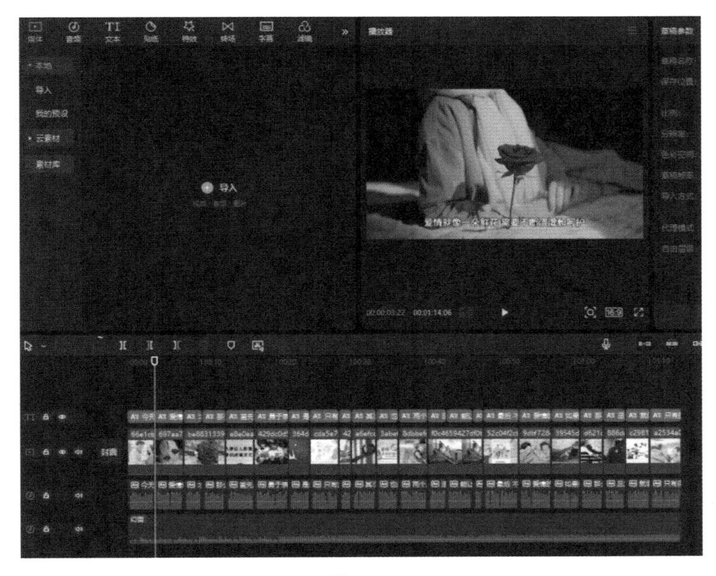

图 6-15

3. 腾讯智影

利用腾讯智影的文章转视频功能可以将用户撰写的文字内容转化为视频，无须进行烦琐的素材收集和剪辑处理。下面是具体的操作步骤。

01 调整好文案内容后，在“文章转视频”界面右侧可以设置“成片类型”“视频比例”“背景音乐”“数字人播报”等参数，如图6-16所示。

图 6-16

02 调整完参数后，单击“生成视频”按钮，即可将文本内容转化成视频内容，如图6-17所示，生成视频后自动会跳转至剪辑页面，在该页面可以进行替换视频素材、剪辑视频内容、添加素材和音频等操作。

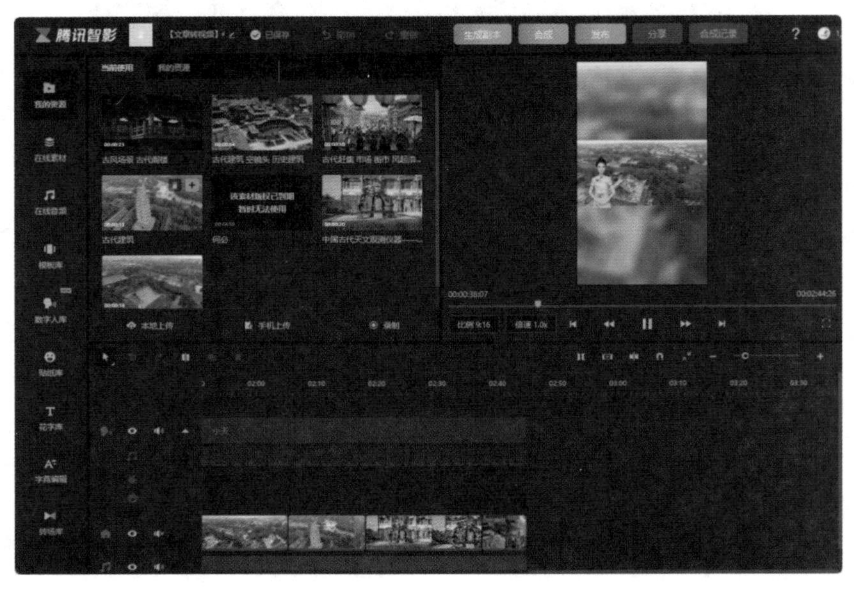

图 6-17

03 当剪辑好视频内容后，单击界面上方的“合成”按钮，即可合成视频元素。在主页单击“我的资源”选项，即可看到合成后的视频素材，如图6-18所示。

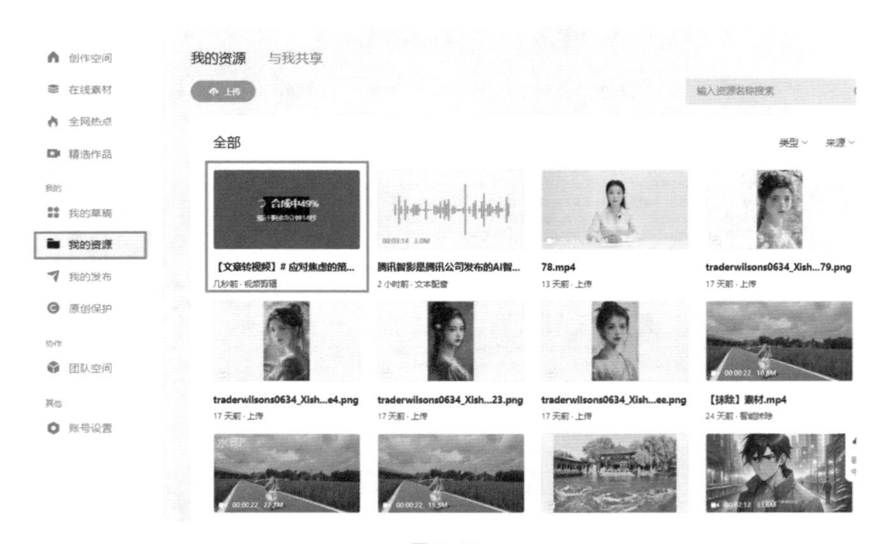

图 6-18

04 目前腾讯智影智能发布至腾讯内容开放平台和快手短视频平台上，如需发布剪辑好的视频内容，单击界面上方的“发布”按钮，进入“发布视频”界面，如图6-19所示。

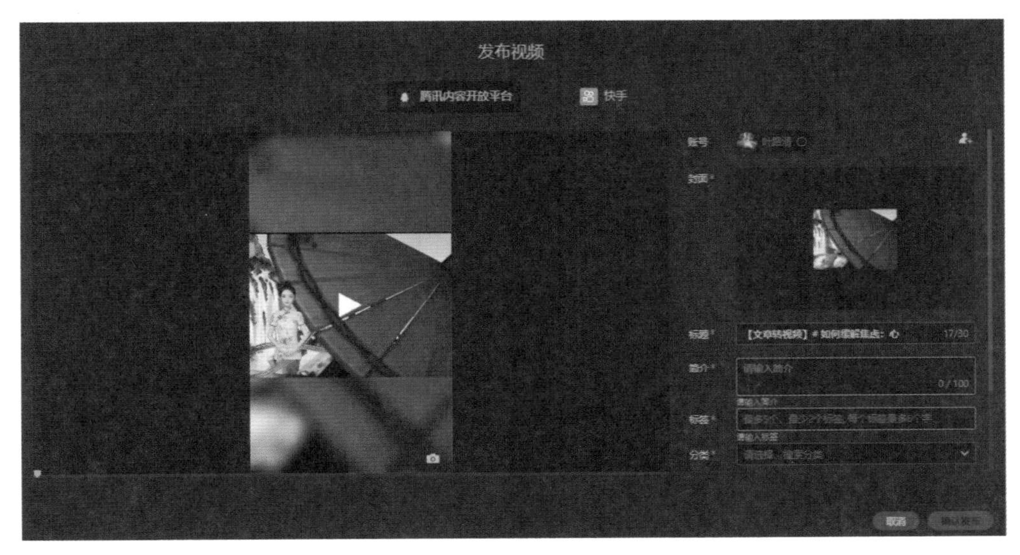

图 6-19

05 在相应的文本框内，输入简介、标签和分类等内容，单击“确认发布”按钮，即可发布至平台，如图6-20所示。要想查看发布后的视频，可以在主页选择“我的发布”选项。

图 6-20

4. 即梦Dreamina

AI视频生成是即梦一个较为重要的核心功能。用户可以将文字描述或静态图像转化为视频。这项功能的应用范围非常广泛，从个人艺术创作到商业广告制作都能发挥巨大作用。使用即梦生成的视频不仅流畅，而且视觉效果引人入胜，展现了AI在动态视觉创作方面的潜力。如图6-21所示为使用即梦生成的视频画面。

图 6-21

6.3.2 视频剪辑工具

视频AI剪辑工具是利用人工智能技术，自动或半自动地完成视频剪辑任务的应用程序。这些工具通过分析视频内容、识别场景和动作、优化剪辑点等方式，使用户无须手动完成复杂的剪辑过程，即可快速生成流畅的成品视频。这类工具大幅提高了剪辑效率，尤其适合短视频创作者、内容营销人员、广告制作团队等。下面是几个常见的视频剪辑工具。

1. 即创

智能剪辑只需上传视频素材，即可智能地为视频添加脚本、口播、配乐等元素，从而实现视频素材的自动化和批量化生产。下面是智能剪辑的一些优点。

（1）操作便捷：一键自动剪辑，智能添加脚本、音乐、口播等。

（2）效率提升：通过一键自动剪辑，显著减少视频制作所需时间，提升出片效率。

（3）成本节省：自动化剪辑减少了对专业剪辑师的依赖，减少剪辑人力成本。

（4）选择多样：提供多个版本的成片供选择，可以根据需求挑选最合适的成片内容。

智能剪辑还包含以下3款视频类型。

通用电商：通用电商优先使用无字幕的素材进行混剪，系统预设了多种元素，如字幕、配音、配乐。同时支持自定义这些元素，添加LOGO、水印、主副标题、提示语等，支持添加多脚本，批量生成成片。

短剧：支持对短剧内容分镜进行智能选取、拼接，支持前情回顾去重、胸部暴露等审核风险画面、字幕脏词智能打码、智能消音、贴纸/动画/风险提示语/引导尾贴自动组合渲染，实现短剧营销视频的批量生产。

生活服务：生活服务行业是面向抖音商家研发的成片工具，只需绑定本地账户，即可选择门店、商品，上传视频材料后，即可生成多个版本的成片供选择。

下面以一款白色长裙为例，使用智能剪辑功能制作出一款电商宣传短视频，下面是具体的操作步骤。

01 打开即创主页，在其主页单击“AI视频”|“智能剪辑”按钮，进入其编辑页面，如图6-22所示。

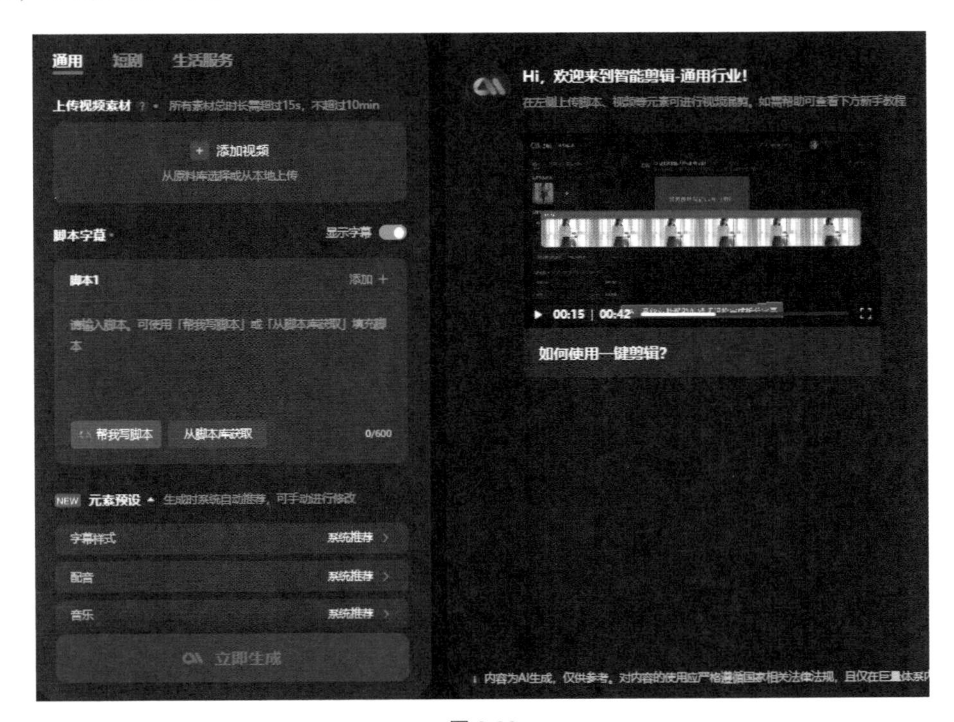

图 6-22

02 单击“添加视频”按钮，可选择从原料库上传视频素材或选择从本地上传，如图6-23所示，这里选择“本地上传”，单击“点击上传，或拖拽「文件」到此处”按钮即可。

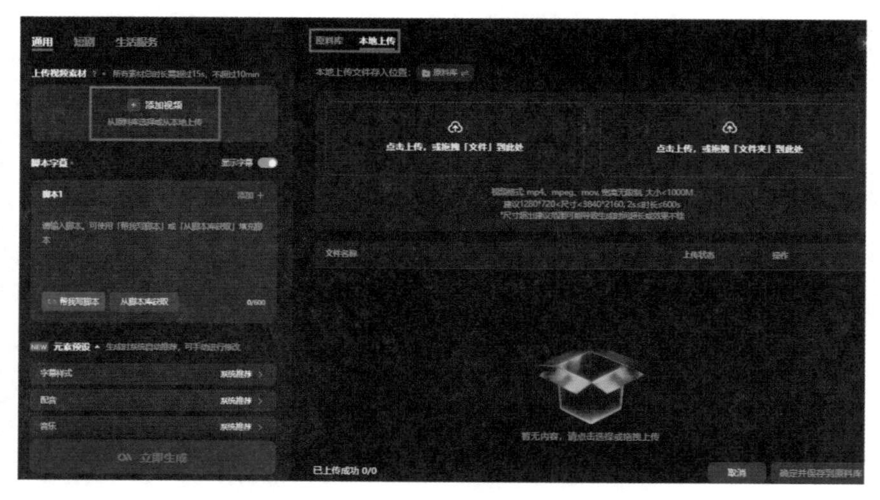

图 6-23

03 上传成功后，单击“确定并保存到原料库”按钮，即可完成视频的上传。单击“帮我写脚本”按钮，在弹出的编辑框内，填写商品信息、商品卖点，选择脚本风格等，如图6-24所示。

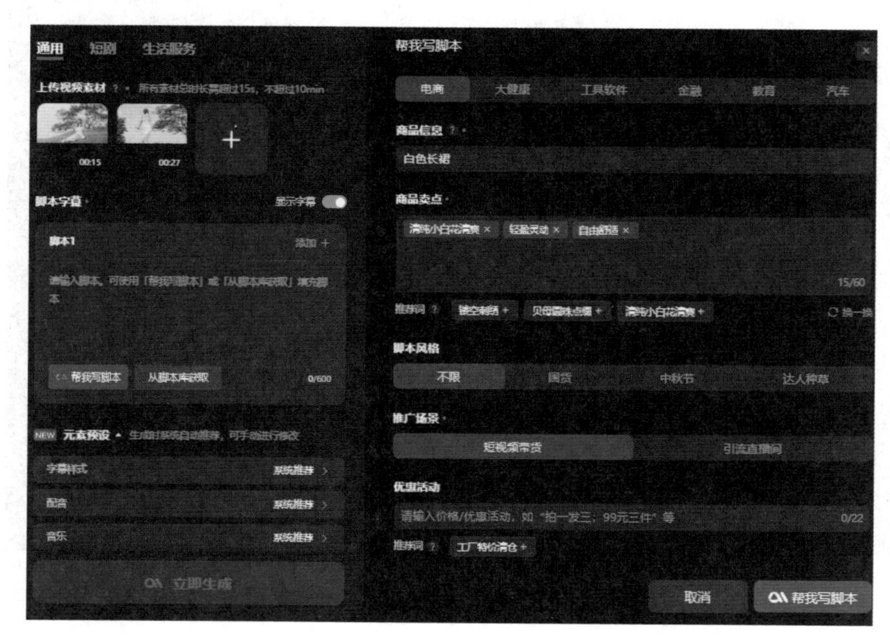

图 6-24

04 执行操作后，单击“帮我写脚本”按钮，即可自动生成两个脚本内容，如图6-25所示。如果遇到满意的脚本内容可以点击“保存至脚本库”按钮，下次需要生成类似的电商视频时，也可以使用该脚本内容。单击“编辑”按钮，可以对该脚本进行在线编辑，更改脚本内容。

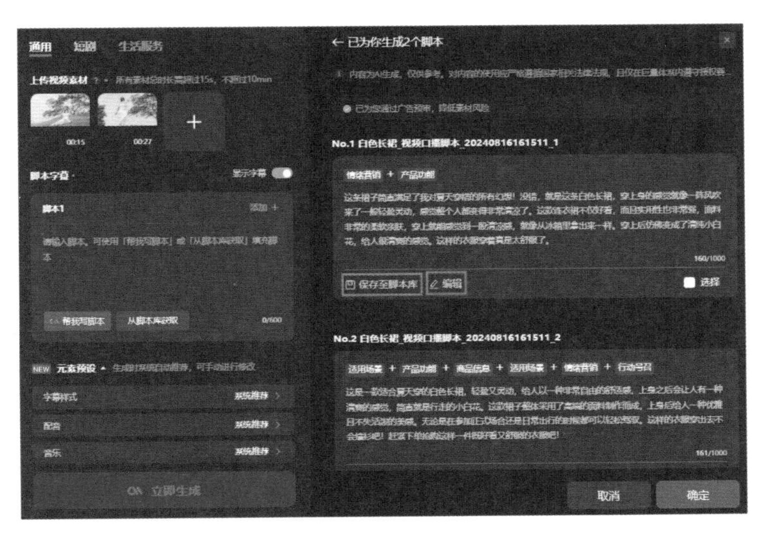

图 6-25

05 选择一个较为满意的脚本内容，单击“确定”按钮，即可自动将其添加至脚本文本框内，如图6-26所示。

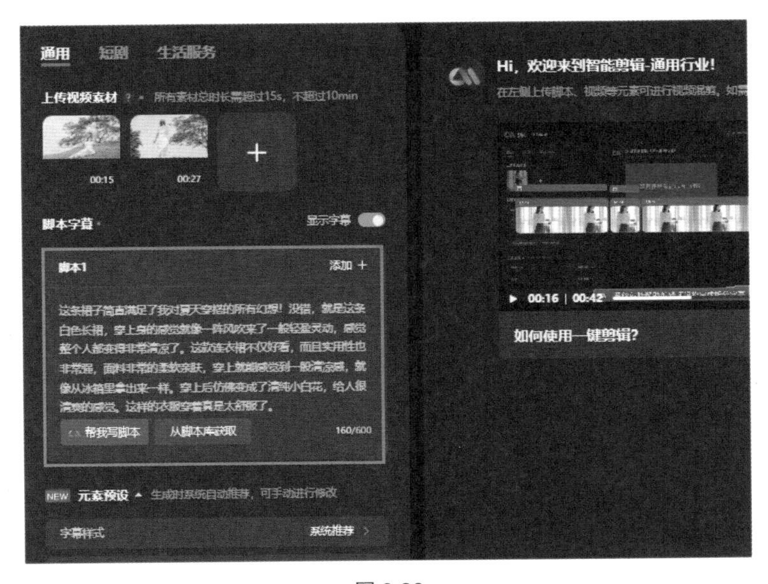

图 6-26

06 单击“字幕样式”选项，即可弹出元素预设编辑框，在编辑框内可选择脚本字幕的样式、配音的音色、背景音乐、花字等预设，如图6-27所示。

图 6-27

07 添加完元素预设后，单击“保存”按钮即可保存，然后再选择视频比例和视频包装风格，单击“立即生成”按钮，即可自动剪辑视频内容，如图6-28所示。

图 6-28

08 单击生成后的视频，即可到预览视频画面，如图6-29所示。

图 6-29

09 单击视频下方的“编辑”按钮，即可在线编辑视频脚本字幕、音乐、配乐等，如图6-30所示。

图 6-30

10 将鼠标指针移至视频下方的“保存”按钮上，即可弹出列表，可选择“保存”选项，保存至“巨量广告账号”，也可选择“确认发布至抖音”和“下载”选项，如图6-31所示。

图 6-31

11 最终案例效果展示如图6-32至图6-34所示。

图 6-32

图 6-33

图 6-34

2. 剪映App（一键成片）

剪映的一键成片功能可以快捷、高效地创作视频，它极大地简化了视频剪辑的过程，使得没有专业剪辑知识和经验的用户也能轻松制作出高质量的视频作品。下面是使用一键成片功能制作日常Vlog的具体操作步骤。

01 打开剪映App，点击界面中的“一键成片”按钮，如图6-35所示，进入素材添加界面，如图6-36所示。

图 6-35

图 6-36

02 点击需要上传的视频素材，点击“下一步”按钮，如图6-37所示，进入选择模板界面，如图6-38所示。

图 6-37

图 6-38

03 选择“夏日vlog”模板，即会自动合成相应的模板内容，如图6-39所示。点击“点击编辑”按钮，即可进入素材编辑界面，如图6-40所示。

04 任意长按一段素材，进入调整素材顺序页面，通过长按拖拽即可调整视频素材的播放顺序，如图6-41所示。

05 点击界面右上方的“导出”按钮，在弹出的“导出设置”界面，点击“保存”按钮，即可将视频保存至本地，如图6-42所示。

图 6-39

图 6-40

图 6-41

图 6-42

3. 一帧秒创

在数字化内容创作日益繁荣的今天，一帧秒创作为一款基于秒创AIGC引擎的智能AI内容生产平台，凭借其强大的功能和便捷的操作体验，迅速成为创作者们的得力助手。本节将介绍一帧秒创的核心功能，助力人们进行内容创作，提升创作效率与质量。

一帧秒创最核心的功能就是图文转视频功能，依托AI技术，识别文字语义，自动匹配分镜头素材，实现自动化视频剪辑。具体操作步骤如下。

01 打开一帧秒创主页，在主页单击“图文转视频”功能，如图6-43所示，进入其编辑页面。

图 6-43

02 图文转视频功能支持3种文案导入方式，分别是文案输入、文章链接输入和Word导入。首先介绍“文案输入”方式。单击界面中的“文案输入”选项，分别输入标题和正文，并调整相关参数，如图6-44所示，单击“下一步”按钮，即可进入编辑文稿页面。

图文转视频
文案输入
文章链接输入
Word导入
如何调整心态
6/40
1.了解自己的心态是关键。认识到自己的情绪状态，思考是什么触发了焦虑或负面情绪，这有助于你更有针对性地调整。
2.培养积极的思维方式。尝试从正面角度看待问题，关注问题的解决方案而非问题本身。每天写下三件让你感到感激或快乐的事情，这有助于提升你的心情。
3.学习有效的情绪管理技巧，如深呼吸、冥想、渐进性肌肉松弛等。这些方法可以帮助你在感到焦虑或紧张时快速平静下来。
AI帮写 »
匹配范围：在线素材　私有素材（视频）　行业素材
数字人：视频比例：横版（16:9）　竖版（9:16）
取消
下一步

图 6-44

03 对于“文章链接导入”方式，当前支持导入百度百家号、微信公众号、今日头条、微博文章、知乎专栏的文章链接。单击“文章链接输入”选项，在内容框输入相关平台的文章链接，调整视频参数，如图6-45所示，并单击“下一步”按钮即可进入编辑文稿页面。

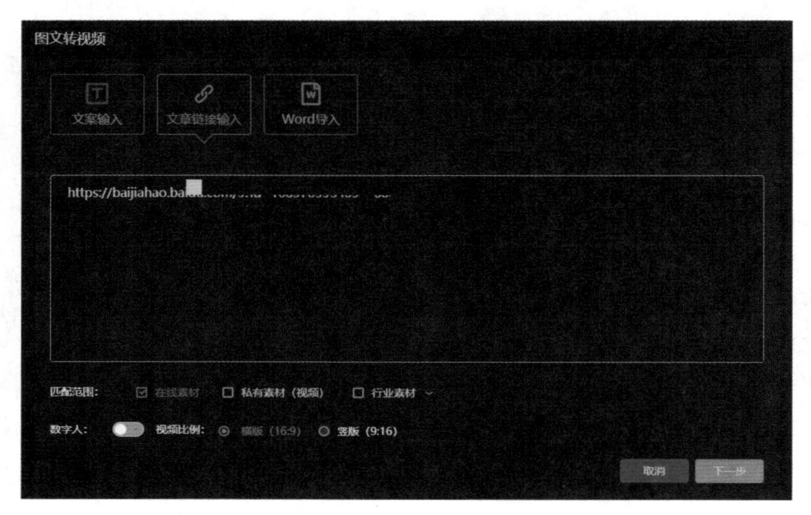

图 6-45

04 “Word导入”功能目前仅支持.doc、.docx两种格式，且体积不超过5MB，字数少于5000字。单击“Word导入”选项，将需要上传的Word文件拖至上传框，或者单击“选择文件”按钮上传文件，调整相关参数，即可进入编辑文稿页面，如图6-46所示。

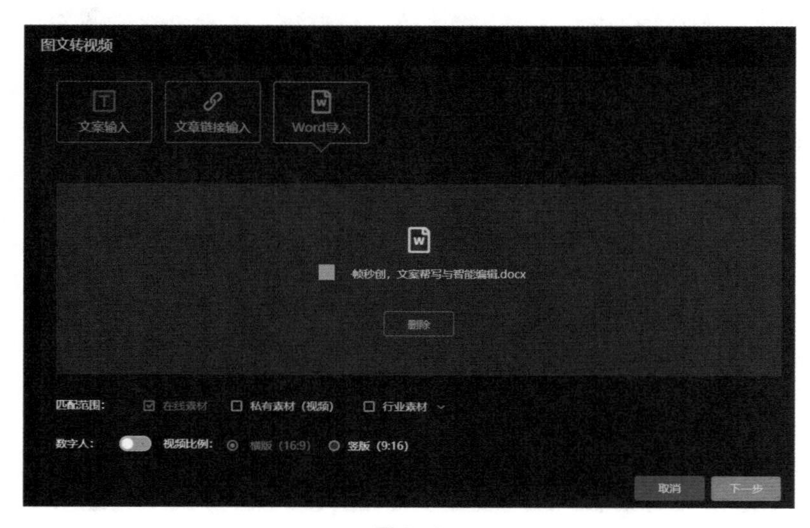

图 6-46

05 在成功导入后，系统会根据文案内容分析语义，进行“分镜头”处理，在编辑文稿界面可以自己编辑标题、镜头文案，也可以自由设定视频分类，如图6-47所示。

图 6-47

06 编辑好文稿后，单击“下一步”按钮，即进入最终调整页面，如图6-48所示。系统已经根据不同镜头的语义自动匹配好了相应的画面。

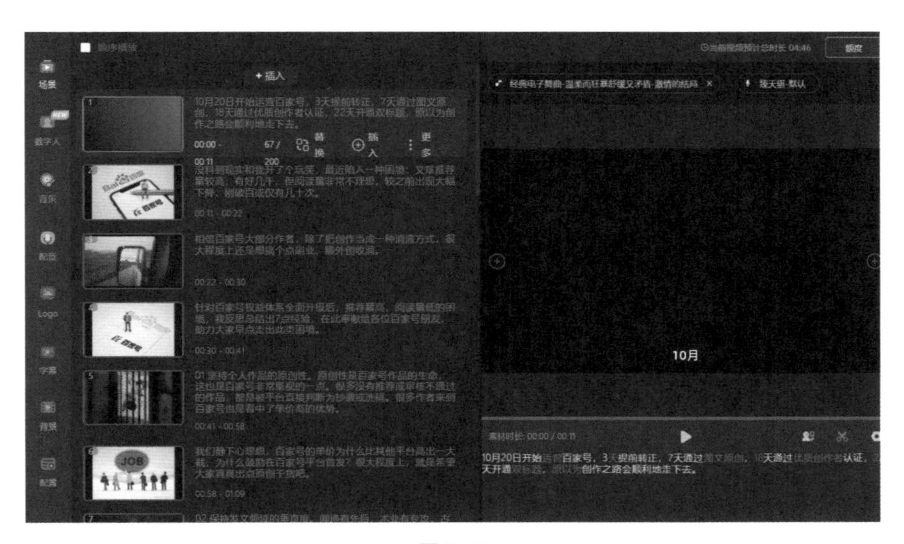

图 6-48

07 对于不符合要求的镜头内容，可以使用“修改文本”“替换素材”功能进行调整。确定好视频的“背景音乐”“配音”“LOGO”“字幕”等信息后，可以单击右上角的“预览”按钮预览草稿。如果没有问题，单击界面右上方的“生成视频”按钮就可以合成了，如图6-49所示。

图 6-49

第7章 文生视频与实战案例

文生视频（Text-to-Video）作为一种创新的内容生成技术，能够将文字快速转化为视频片段，为创作者节省了大量的时间和精力。无论是短视频创作者、营销团队，还是教育内容制作者，都可以利用文生视频功能，轻松生成高质量的视频。本节将详细介绍文生视频功能的使用方法，以及通过一些具体的实战案例来更加深入地了解文生视频的应用技巧。

7.1 文生视频功能的使用方法

可灵AI的文生视频功能允许用户通过输入文字描述来生成相应的视频内容。用户只需提供一段描述性文字，可灵AI就能根据这些文字内容生成对应的视频画面。本节将详细介绍其使用方法。

7.1.1 选择生成模式

可灵AI目前支持两种生成模式，分别是“标准”和“高品质”，用户可以在文生视频界面中的“参数设置”中进行调整，如图7-1所示。

图 7-1

标准模式：这是视频生成速度更快、推理成本更低的模型，可以通过“高性能”模式快速验证模型效果，满足用户实现创意的需求。其更擅长人像、动物，以及动态幅度较大的场景，生成的动物更亲切，画面色调柔和，也是可灵刚发布时就获得好评的一款模型。

高品质模式：这是视频生成细节更丰富、推理成本更高的模型，可以通过“高表现”模式生成高质量的视频，满足创作者制作高阶作品的需求。其更擅长人像、动物、建筑、风景类等视频，细节更丰富，构图与色调氛围更高级，是可灵现阶段对于创作精细视频使用最多的一款模型。

如图7-2所示为使用相同的关键词但是生成模式不同的案例效果对比（左侧使用的是标准，右侧使用的是高品质）。

图 7-2

7.1.2　选择生成时长

可灵目前支持两种生成时长，分别是5s和10s，如图7-3所示。

需要注意的一点是，当“生成模式”为“标准”时，暂不支持生成10s的视频，如图7-4所示。

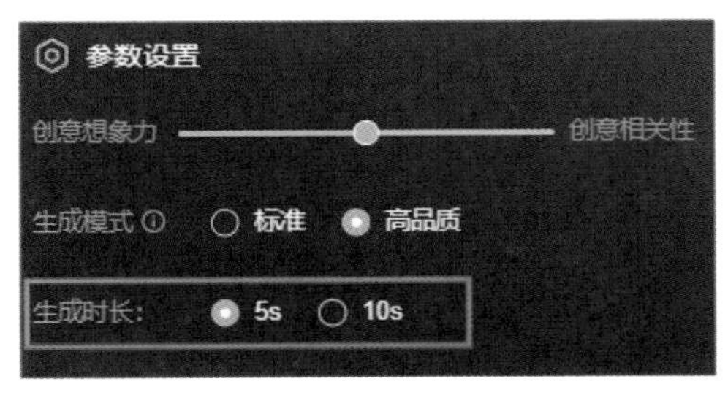

图 7-3

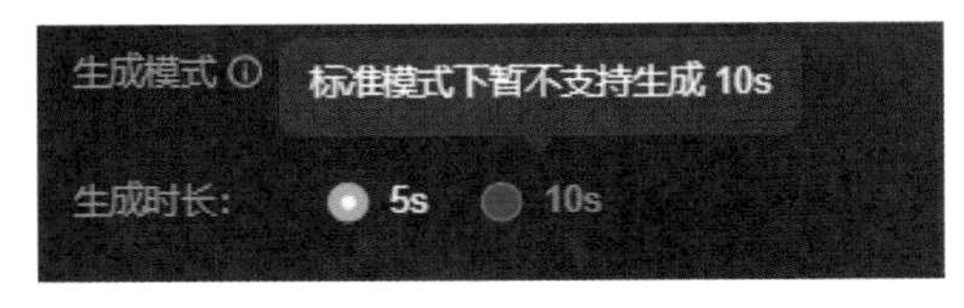

图 7-4

7.1.3　选择视频比例

可灵的文生视频功能支持3种视频比例，分别是“16：9”“9：16”“1：1”，如图7-5所示，更多元化地满足用户的视频创作需求。

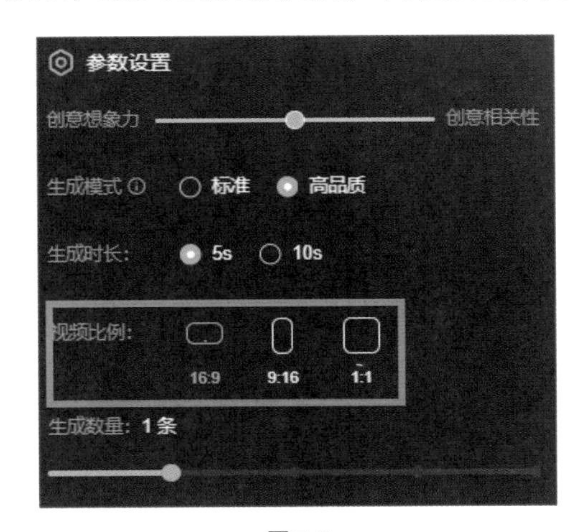

图 7-5

7.1.4　选择运镜方式

运镜属于镜头语言的一种，为了满足视频创作的多元性，让模型更好地响应创作者对镜头的控制，可灵的运镜控制功能以绝对的命令控制视频画面的运镜行为，可以通过位移参数的调节进行运镜幅度的选择。

可灵中的“运镜控制”包括水平运镜、垂直运镜、推进/拉远、垂直摇镜、旋转摇镜、水平摇镜6个基本运镜，以及左旋推进、右旋推进、推进上移、下移拉远4个大师运镜，帮助创作者生成具有明显运镜效果的视频画面。

在使用文生视频时（图生视频暂不支持运镜控制），可以通过调整运镜方式和运镜强度来生成符合自己需要的视频内容，如图7-6所示。

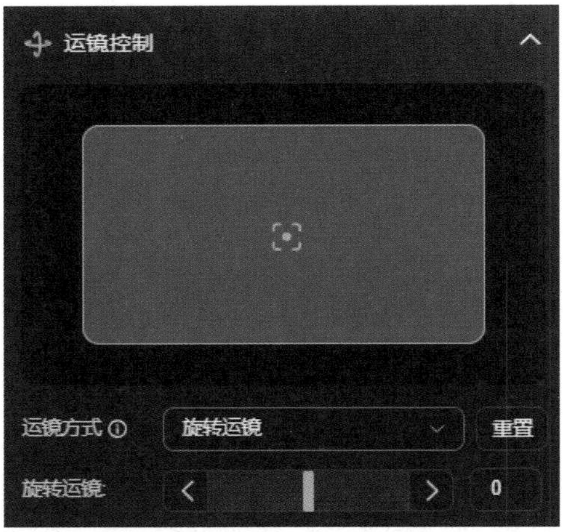

图 7-6

7.2 创意视频生成实战

可灵AI文生视频功能，可以生成各种类型的视频效果，极大地扩展了内容创作者的创作空间。本节将详细介绍一些实战案例，来帮助读者更好地掌握文生视频功能。

7.2.1 穿越机效果

穿越机效果，指的是通过无人机视角进行拍摄，让观看者仿佛亲自驾驶无人机在空中飞行一样。但穿越机相较于一般的无人机又有所不同，它能够以较高的速度飞行，最高可达150km/h至230km/h，甚至更快。这种效果在极限运动、电影制作、航拍等领域非常受欢迎。下面是使用文生视频功能生成穿越机效果的具体操作步骤。

01 打开可灵AI，点击“AI视频”|“文生视频”功能，进入文生视频编辑页面，并在“创意描述”文本框内输入提示词“第一视角，穿越机在山谷中高速飞行，穿梭于狭窄的山间和树木之间。画面快速切换，风景包括陡峭的悬崖、郁郁葱葱的树林和蜿蜒的河流。摄像机轻微摇晃，展现出高速的飞行感”，如图7-7所示。

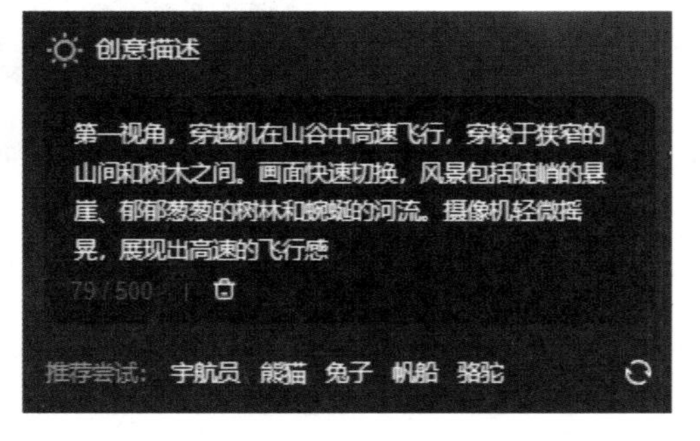

图 7-7

提示：在使用AI生成穿越机视频效果时，需要确保关键词尽可能明确和具体。例如，不要只写“摄影机飞行”，而是可以以“摄影机穿越+景点+其他描述词”的形式来写。如果想要AI构建更加生动和逼真的场景，可以提供足够的细节信息，如飞行速度、环境特征、天气状况、时间背景等。例如，“黄昏时分，摄像机在茂密的森林中高速穿梭，树叶在夕阳下的照射下闪闪发光”。

02 设置“生成模式”为“高品质”，将“生成时长”调整至5s，将“视频比例”调整为16：9，如图7-8所示。

03 设置“运镜控制”为“大师运镜：右旋推进”，并将数值调整至10，如图7-9所示，添加运镜是更好地模拟穿越机的灵活性。

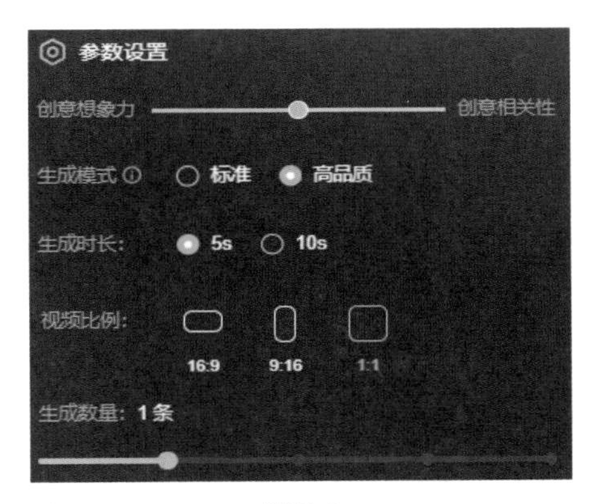

图 7-8

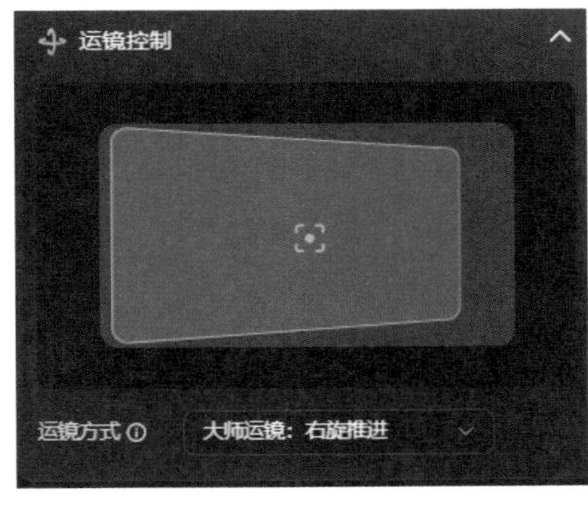

图 7-9

04 执行操作后，单击“立即生成”按钮，即可自动生成相应的视频内容，如图7-10所示。

图 7-10

提示：当对生成的视频效果不满意时，可以使用延长功能对其进行补充。

7.2.2 动物演奏乐器

近期，众多文旅领域的账号凭借在短视频平台上发布的各具地方风情的动物演奏乐器的创意视频，迅速走红网络。这些视频不仅有效推广了当地独特的文化魅力，还凭借其诙谐幽默的展现方式赢得了广大观众的喜爱与关注。下面介绍使用文生视频功能生成动物演奏乐器的具体操作步骤。

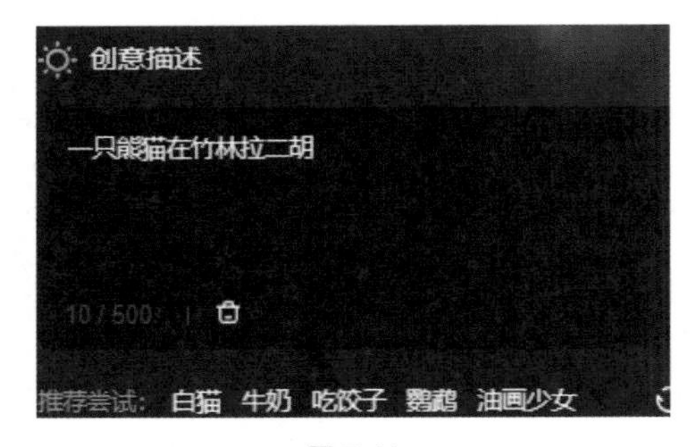

图 7-11

01 打开可灵AI，点击“AI视频”|“文生视频”功能，进入文生视频编辑页面，并在“创意描述”文本框内输入提示词“一只熊猫在竹林拉二胡”，如图7-11所示。这里的提示词结构为“主体+场景描述+乐器”。

02 设置“生成模式”为“标准”，设置“生成时长”为5s，将“视频比例”调整至16：9，如图7-12所示。

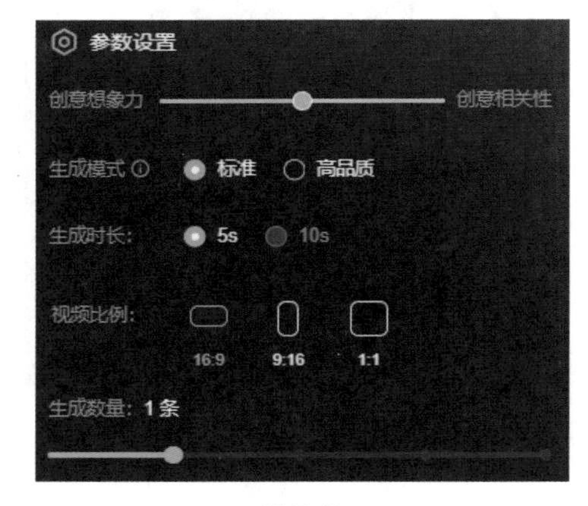

图 7-12

03 执行操作后，单击“立即生成”按钮，即可生成相应的视频内容，如图7-13所示。

图 7-13

04 单击生成视频右下方的“下载”按钮，可以选择“有水印下载”和“无水印下载”两种方式，即可将生成的视频下载至本地，如图7-14所示。

图 7-14

7.2.3 神奇动物视频

神奇动物视频是指利用可灵AI等文生视频工具，生成一些理论上不存在的虚构动物视频内容，如蜜蜂狗、熊猫鱼等。这类视频通过AI的强大生成能力，将多种不同动物的特征组合在一起，创造出独特、富有创意的虚拟生物。下面是使用文生视频功能生成神奇动物视频的具体操作步骤。

01 打开可灵AI，点击“AI视频”|“文生视频”功能，进入文生视频编辑页面，并在创意描述框内输入提示词“山中有一种野兽，形状像一般的红色的豹子，长着五条尾巴、一只角，发出的声音如同击石，名称是狰。”如图7-15所示。

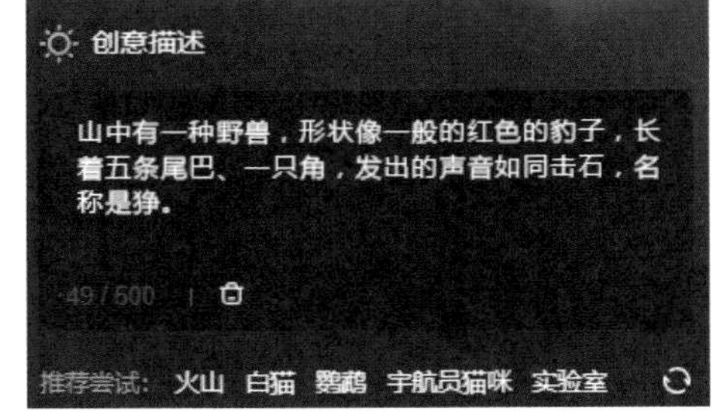

图 7-15

提示：若使用文生视频功能生成神奇动物视频，只需在提示词中将动物的相关外貌信息描绘出来即可，例如“长着小猫头部的鸟站在枝头”“长的小狗头部的蜜蜂在空中飞”等，用户可以发挥自己的想象，将一些虚构的动物让可灵AI生成，在该案例中描绘的就是山海经中的异兽“狰”。

02 将“生成模式”调整为“高品质”，将“生成时长”调整至5s，将“视频比例”调整为16∶9，如图7-16所示。

03 选择所需要的运镜方式，在该案例中选择的是“大师运镜：推进上移”，如图7-17所示，该运镜可以加强整体视觉效果。

04 执行操作后，单击“立即生成”按钮，即可生成相应的视频内容，如图7-18所示。

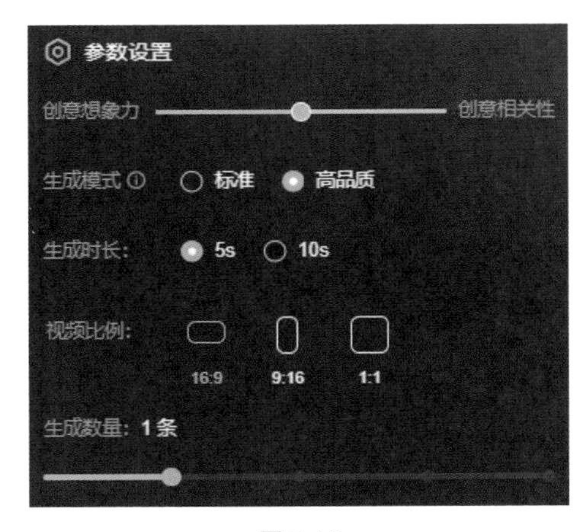

图 7-16

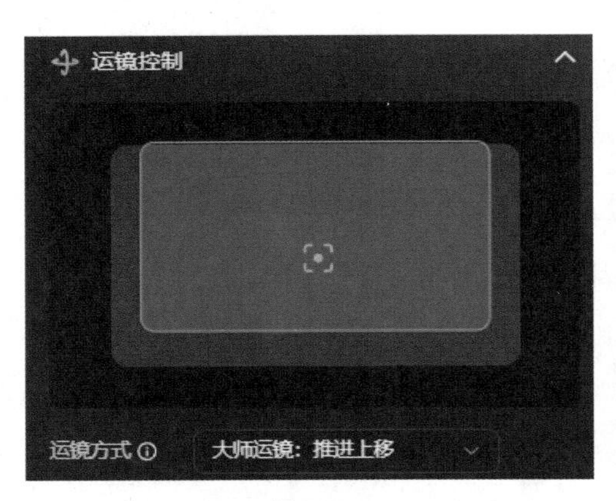

图 7-17

图 7-18

7.2.4 熊猫吃火锅

在很多短视频平台中，使用可灵AI生成的熊猫吃火锅视频已经成为爆款视频，下面介绍使用可灵的文生视频功能生成熊猫吃火锅视频的具体操作步骤。

01 打开可灵AI，点击“AI视频”|“文生视频”功能，进入文生视频编辑页面，并在创意描述框内输入提示词“大熊猫用筷子吃火锅，画面背景是竹林”，如图7-19所示。

02 将“创意想象力”调整至0.7，选择“生成模式”为“高品质”，设置“生成时长”为5s，设置“视频比例”为16：9，如图7-20所示。

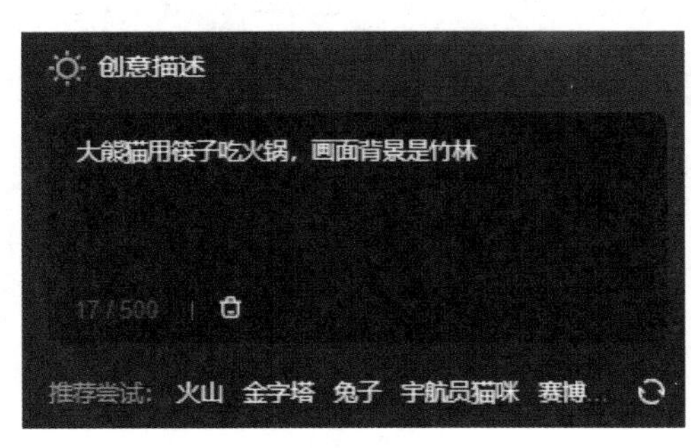

图 7-19

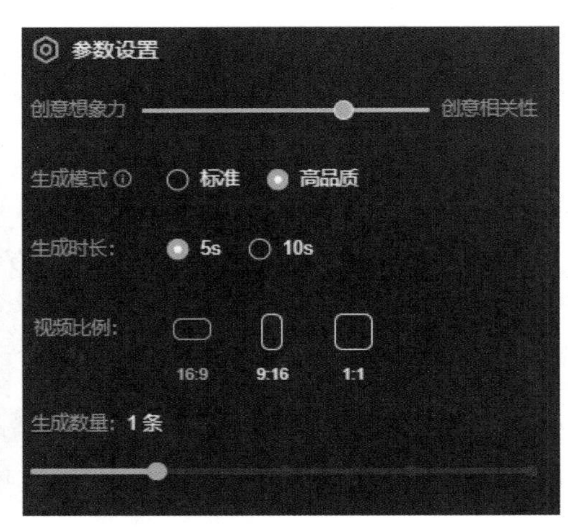

图 7-20

03 执行操作后，单击“立即生成”按钮，即可生成相应的视频内容，如图7-21所示。

图 7-21

7.2.5　科幻视频生成

科幻视频是以科幻题材为主题的视频作品，它通过展示未来的科技、太空探索、人工智能、外星文明等超现实的情节，带领观众进入一个充满想象力的虚构世界。科幻视频可以表现未来可能的科技突破、宇宙中的未知力量，或探索人类在这些环境中的生存与发展。下面介绍使用文生视频功能生成科幻视频的具体操作步骤。

01 打开可灵AI，点击“AI视频”|“文生视频”功能，进入文生视频编辑页面，并在创意描述框内输入提示词“未来城市，霓虹灯闪烁，高楼间飞行汽车穿梭，天上有巨大的空间站”，如图7-22所示。

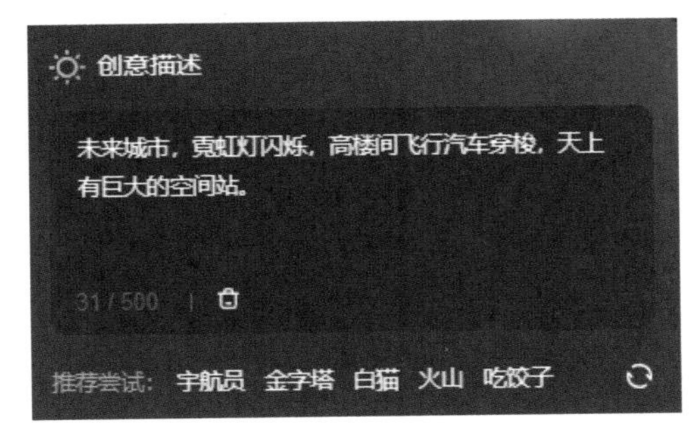

图 7-22

02 设置“生成模式”为“标准”，设置“生成时长”为5s，设置“视频比例”为16∶9，如图7-23所示。

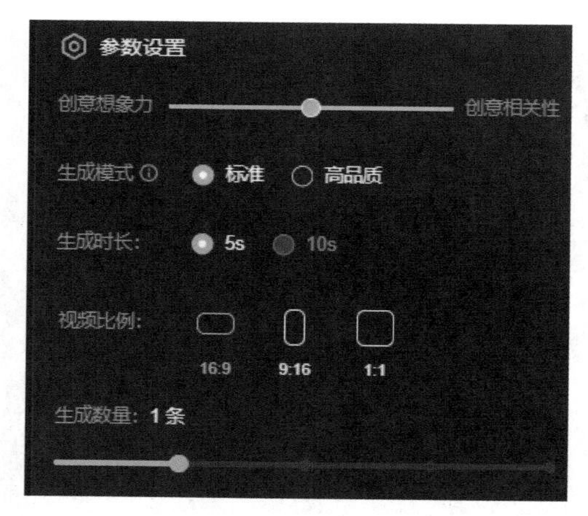

图 7-23

03 执行操作后，单击“立即生成”按钮，即可生成相应的视频内容，如图7-24所示。

图 7-24

7.2.6 高速镜头生成

高速镜头是指通过快速移动摄像机或让主体以极高的速度通过镜头，使画面产生动态和紧张感的拍摄方式。它通常用于表现迅速的动作、追逐场景或快速变化的环境，给观众一种身临其境的感觉。高速镜头可以让观众感受到速度的冲击和动感，适合用于科幻、动作或比赛类场景。下面介绍使用文生视频功能生成高速镜头的具体操作步骤。

01 打开可灵AI，点击“AI视频”|“文生视频”功能，进入文生视频编辑页面，并在创意描述框内输入提示词“一辆车急速行驶在路上，汽车侧面，春天的森林，树木，花朵，商业摄影，中景”，如图7-25所示。

02 设置“生成模式”为“高品质”，设置“生成时长”为5s，设置“视频比例”为16：9，如图7-26所示。

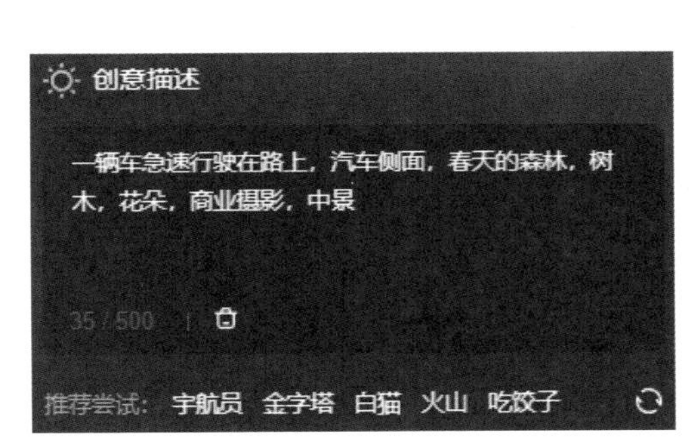

图 7-25

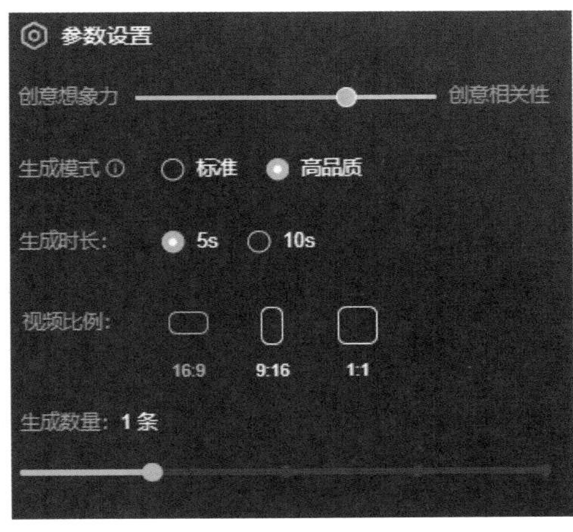

图 7-26

03 执行操作后，单击“立即生成”按钮，即可生成相应的视频内容，如图7-27所示。

图 7-27

第8章 图生视频与实战案例

图生视频功能是指通过输入一张或多张图片，来生成视频的AI技术。通过分析图片中的视觉元素，AI可以生成符合图像主题和风格的动态视频，赋予静态图像生命力，添加动画效果、场景转换和动态过渡。本节将详细介绍图生视频功能的使用方法，以及通过一些具体的实战案例来让大家更加深入地了解图生视频的应用技巧。

8.1　图生视频功能的使用方法

与文生视频不同，图生视频功能以画面为基础，而不是依赖文本描述。文生视频通过输入文字生成相应的视频内容，适合表现抽象的概念或描述性的场景，而图生视频则通过图片直接生成具体的视觉效果，更适合强调视觉细节和美学风格的应用场景。下面详细介绍其使用方法。

8.1.1　图片转视频

图片生视频是指可灵能够以用户提供的图片为基础，通过AI智能技术生成视频内容。用户输入一张图片，可灵会根据这些图片的内容、色彩、构图等信息，智能生成与之相关的视频片段。下面介绍使用可灵进行图片生视频的具体步骤。

01 打开可灵主页，单击主页的“AI视频”按钮，也可单击界面左侧工具栏中的“AI视频”图标，如图8-1所示，进入视频生成界面。

图 8-1

02 在图片上传框内，可以通过点击、拖拽、粘贴3种方式上传图片，目前只支持JPG、PNG格式的图片，且文件大小不超过10MB，尺寸不小于300px，如图8-2所示。

提示：如图8-2所示，可以看到在“点击/拖拽/粘贴”下方还有一个“从历史创作选择”选项，这个功能是在使用可灵生成AI图片后，将生成的图片上传至图生视频界面中，打开后的界面如图8-3所示，可以在其中任选一张图片进行上传。

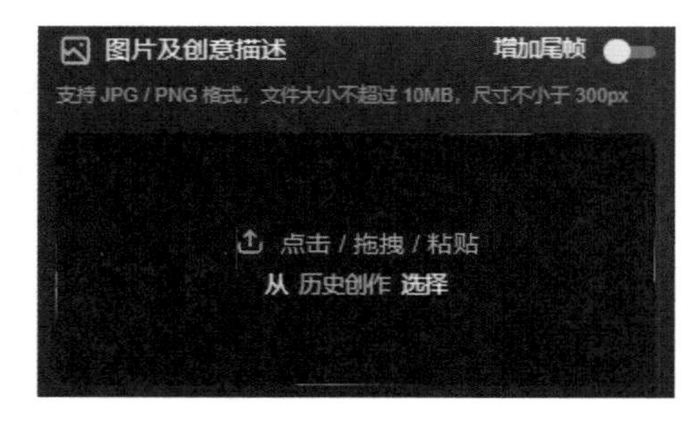

图 8-2

图 8-3

03 上传完成后，单击“立即生成”按钮，即可自动生成相应的视频内容，如图8-4所示。

图 8-4

8.1.2 根据文本将图片转视频

用户可以根据输入的文本，将静态的图片转换为动态的视频。这项技术通过分析文本内容，并结合输入的图片，生成与描述相符的动画效果和场景过渡。

例如，可以上传一张风景图片和一段描述场景变化的文字，AI将根据描述为图片添加动态元素，如流动的河水、移动的云朵或变化的光影效果。这种方法让静态的视觉内容变得更加生动，适用于广告、宣传片或创意展示等领域。下面介绍根据文本将图片转视频的具体操作步骤。

01 打开可灵AI，进入AI视频编辑页面，并上传一张图片，如图8-5所示。

02 在“图片创意描述”文本框内，输入一段文字，描述图片的场景变化，如图8-6所示。

图 8-5

图 8-6

03 执行操作后，单击“立即生成”按钮，即可自动生成相应的视频，如图8-7所示。

图 8-7

8.1.3 添加尾帧

可灵中的添加尾帧功能允许用户自定义添加视频的起始帧（首帧）和结束帧（尾帧）图片，结合AI技术，生成一个连贯、流畅的视频片段。下面介绍使用可灵中的添加尾帧功能制作逆生长镜头的示例。

01 打开可灵主页，单击“AI图片”按钮，进入图片生成页面，如图8-8所示。

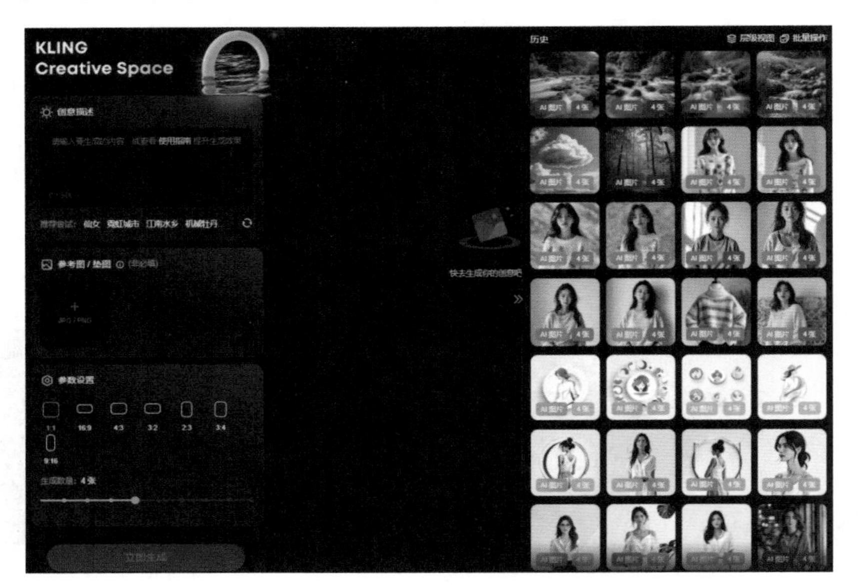

图 8-8

02 在“创意描述”文本框内，输入提示词“证件照，可爱的中国小女孩，5岁，白色背景，整洁的衬衫，面对镜头，中景”，如图8-9所示。

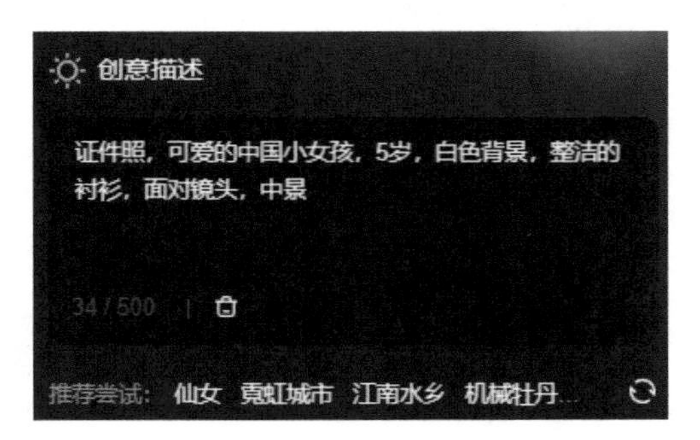

图 8-9

03 将“参数设置”中的比例调整为3：4，如图8-10所示，单击“立即生成”按钮，即可生成相应的图片，如图8-11所示。

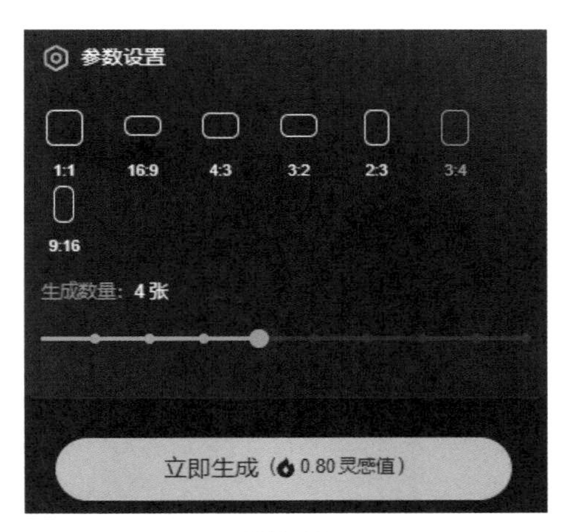

图 8-10

图 8-11

04 将鼠标指针移动至一张合适的图片上，即可显示编辑选项，单击图片右上角的“下载”按钮，将图片下载至本地，如图8-12所示，得到素材“01”。

05 单击“垫图”功能，即可将图片自动添加至“参考图/垫图”中，将“参考强度”调整至“弱”，如图8-13所示。

图 8-12

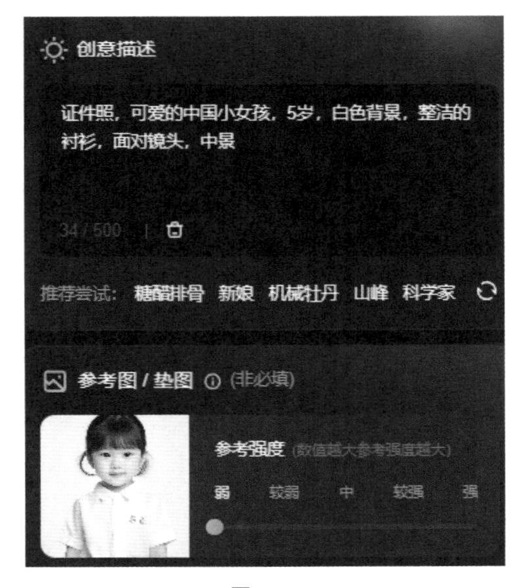

图 8-13

06 在创意描述框内，重新填写提示词“一个漂亮的女生，证件照，18岁，面对镜头，中景”，如图8-14所示。

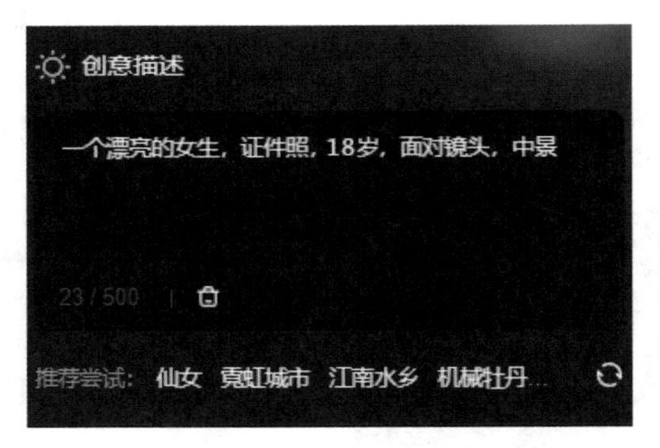

图 8-14

07 单击“立即生成”按钮，即可生成相应的图片，如图8-15所示，将鼠标指针移动至一张合适的图片上，单击图片右上角的下载按钮，将图片下载至本地，得到素材“02”。

图 8-15

08 单击“AI视频”中的“图生视频”功能，在“图片及创意描述”右侧开启“增加尾帧”功能，如图8-16所示。

09 将下载的素材“02”导入至首帧图片框中，将素材“01”导入至尾帧图片框中，如图8-17所示。

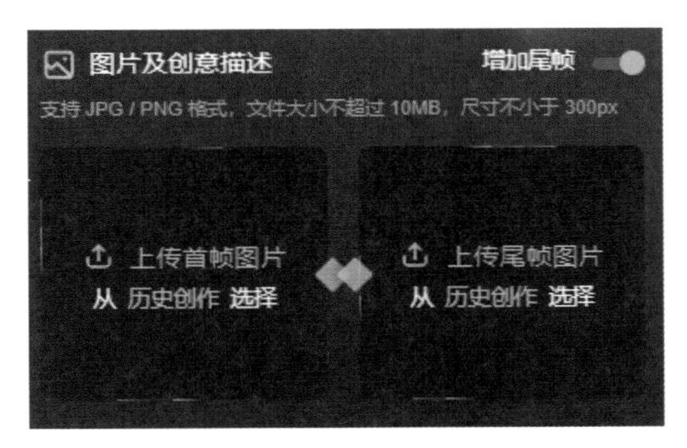

图 8-16

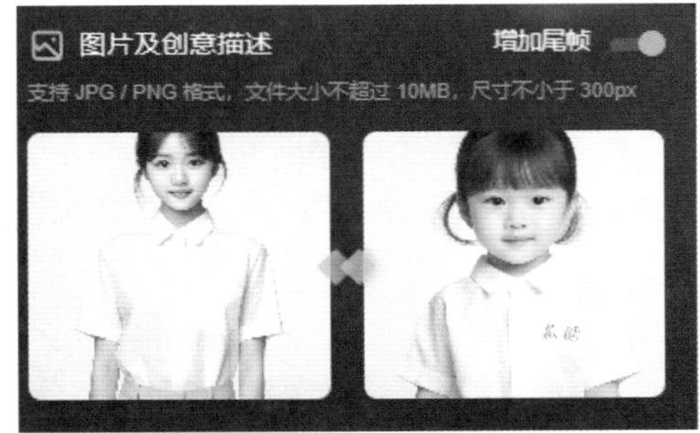

图 8-17

10 将“生成模式”调整为“高品质”，将“生成时长”设为5s，并单击“立即生成”按钮，即可生成相应的视频，如图8-18所示。

图 8-18

8.1.4 运动笔刷

运用运动笔刷功能，可先任意上传一张图片，在图片中通过“自动选区”或者“涂抹”对某一个区域或主体进行框选，添加运动轨迹，同时输入符合预期的运动提示词（主体+运动），单击“立即生成”按钮，将为用户生成添加指定运动的图生视频，从而控制特定的运动表现。

在使用运动笔刷功能时也需要注意一些事项，从而避免生成的视频内容达不到要求，下面是具体的示例。

（1）在使用运动笔刷功能时，尽量添加提示词进行描述，且提示词描述与区域/主体的运动保持一致，比如图8-19，正确的提示词应该为“一只小猫跳过了面前的橄榄球”，而错误的提示词有“一只猫往前走了过去”“一只猫往前爬了过去”，也就是说，提示词需符合常规运动规律。

图 8-19

（2）选中物体的关键性局部，才能够实现更加准确的运动控制。比如，如果用户的意图是想要图8-20中的公鸡左右看看，然后低下头吃东西，那么在绘制运动区域时，绘制该物体的头部要比绘制物体全身效果好，如图8-21所示。

图 8-20

图 8-21

（3）对于物理世界中无法运动的物体，如果使用运动笔刷给予运动轨迹，可灵会对图片和运动指令理解后生成相应的运镜效果，而不是该物体进行相应的物理运动。比如，图8-22中的埃菲尔铁塔作为建筑并不能直接物理运动，而是直接通过运镜的方式进行移动，如图8-23所示。

图 8-22

图 8-23

（4）对于图像选择区域，单个动态笔刷尽量只选中类别一致的单个物体，如图8-24所示为正确示范，如图8-25所示为错误示范。

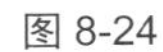

图 8-24

图 8-25

单个笔刷只画一个整体部分，而不是相互分离的多个区域，如图8-26所示的滑雪者为两个互不相关的整体，所以需要绘制两个运动区域，如图8-27所示，而不是将其作为一个整体进行绘制，如图8-28所示。

图 8-26

图 8-27

图 8-28

（5）关于运动轨迹，曲线轨迹的方向和长度都会起作用，假设轨迹曲线的起点在选区内容，那么轨迹的终点将会是物体最终停留的位置，如图8-29所示。

图 8-29

当给物体添加既定的运动轨迹时，那么生成的视频中物体会严格按照绘制的轨迹移动，如图8-30所示。

图 8-30

8.2　视频延长功能

可灵的视频延长功能，主要指的是其强大的视频续写能力，这一功能极大地拓展了视频创作的边界。用户可以通过简单的一键操作，在已生成的视频（无论是文生视频还是图生视频）的基础上，继续生成约5秒的新内容，并且支持多次续写（最长3分钟）。这种便捷的操作方式，使得视频创作变得更加灵活和高效。

8.2.1　自动延长

可灵的自动延长功能是一项智能视频续写技术，它无须用户输入额外的提示词，AI模型会基于对现有视频内容的理解，自动生成后续片段。下面是具体的操作步骤。

01 打开可灵主页，单击“AI视频”按钮，选择“图生视频”功能，进入其编辑页面，如图8-31所示。

02 在图片上传框内，通过单击“点击/拖拽/粘贴”或“从历史创作选择”两种方式添加图片，如图8-32所示。

03 单击“立即生成”按钮，生成相应的视频内容，如图8-33所示。

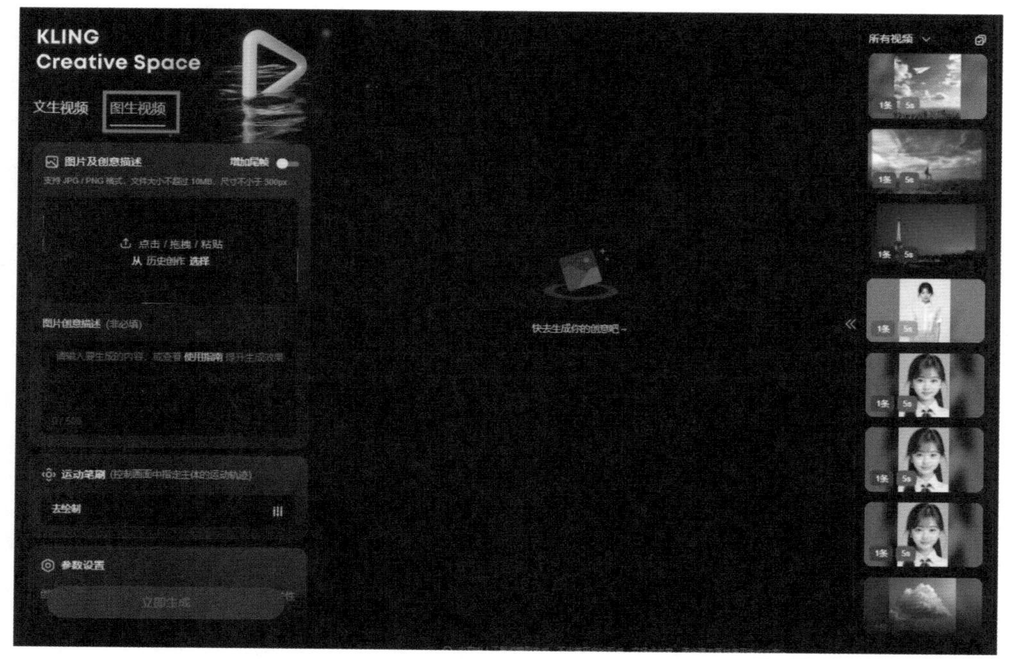

图 8-31

图 8-32

图 8-33

04 单击视频左下方的延长功能，在弹出的列表框内选择“自动延长”选项，如图8-34所示。

05 执行操作后，即可自动将视频延长5s，如图8-35所示。

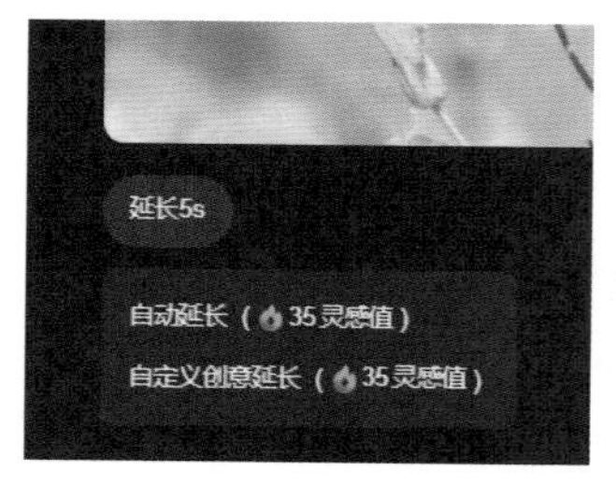

图 8-34

图 8-35

8.2.2　自定义创意延长

可灵的自定义创意延长功能允许用户通过文本提示控制视频的延长部分。这一功能的关键在于，用户输入的提示词必须与原视频内容相关，并清晰描述原视频中的“主体+运动”，以确保延长后视频前后内容保持一致，避免场景或动作出现不自然的跳跃或崩坏。下面介绍具体的操作步骤。

01 打开可灵主页，单击“AI图片”按钮，进入图片生成页面，在创意描述框内输入提示词“超高清，动物世界，纪录片，真实镜头，花豹趴在秋天的草丛中，特写镜头，超高画质，8K，视觉盛宴”，调整比例为9：16，单击“立即生成”按钮生成相应的图片，如图8-36所示。

图 8-36

02 将鼠标指针移动至合适的图片上，单击图片右下方的“生成视频”按钮，如图8-37所示，即可自动跳转到“图生视频”编辑页面。

图 8-37

03 执行操作后，单击“立即生成”按钮，即可生成相应的视频，如图8-38所示。

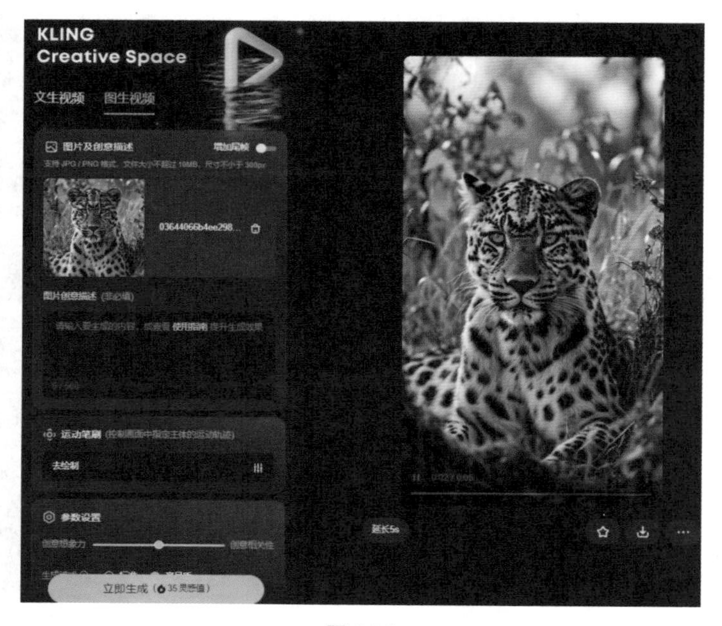

图 8-38

04 单击视频左下方的延长功能，在弹出的列表框内选择“自定义创意延长”选项，即会弹出“自定义创意去延长视频”对话框，如图8-39所示。

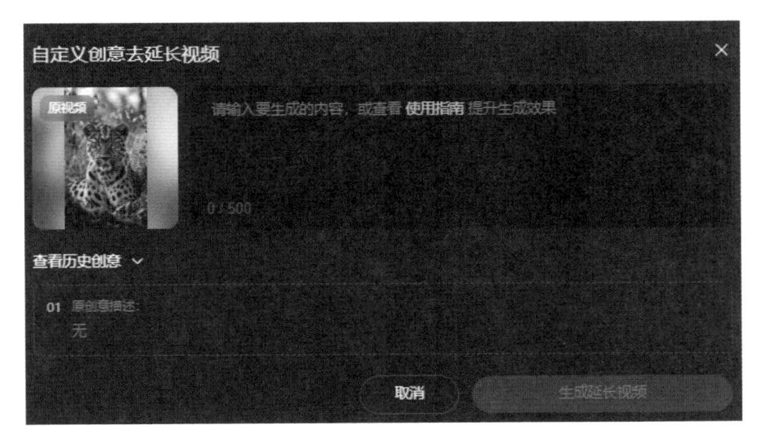

图 8-39

05 在对话框内可以自定义提示词，这里的提示词需要与原视频相关，从而避免视频崩坏，如图8-40所示，单击“生成延长视频”按钮，即可按照提示词延长视频内容。

06 执行操作后，生成的视频如图8-41所示。单击延长后的视频左下方的延长功能，选择“自定义创意延长”，即可再次延长视频。

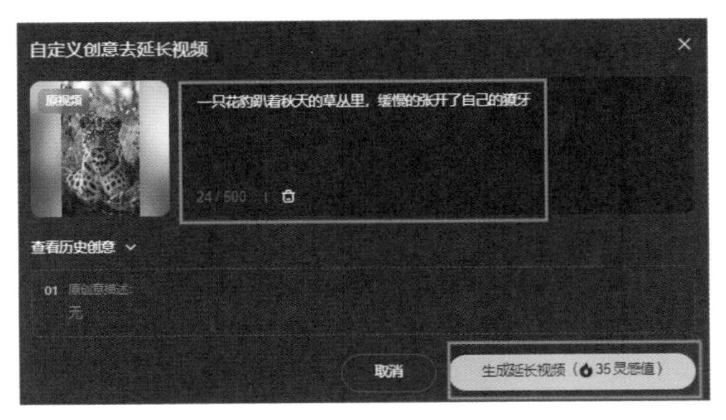

图 8-40

图 8-41

8.3 创意视频生成实战

图生视频是当前创作者使用频率最高的功能，这是因为从视频创作角度来看，图生视频更可控，创作者可以用提前生成的图片进行动态生成，极大地降低了专业视频的创作成本与门槛；而从视频创意角度来看，可灵也提供了另外一种创意平台，用户可以通过文本来控制图片中的主体进行运动，如最近网上爆火的“老照片动起来”“与小时候的自己拥抱”，以及被网友调侃为吃菌子幻觉视频的“土豆变小狗”等，体现出可灵作为一个创意工具的属性，给用户的创意实现提供了无限可能。

8.3.1 让老照片动起来

让老照片动起来是通过可灵的图生视频功能，使老照片以动态或视频的形式呈现的效果。下面介绍使用可灵让老照片动起来的具体操作步骤。

01 打开可灵主页，单击“AI视频”按钮，选择“图生视频”功能，进入其编辑页面，在图片上传框内，以“点击/拖拽/粘贴”或“从历史创作选择”的方式添加图片内容，如图8-42所示。

图 8-42

02 在“图片创意描述”文本框内，输入提示词“一个幸福的家庭，面对镜头微笑”，如图8-43所示。

图 8-43

03 将“创意相关性”调整为0.7、“生成模式”调整为“标准”、“生成时长”调整为5s，单击“立即生成”按钮，即可生成相应的视频，如图8-44所示。

图 8-44

8.3.2 与小时候的自己拥抱

与小时候的自己拥抱是指使用可灵AI生成“目前的自己和过去的自己拥抱”的AI视频，下面是具体的操作步骤。

01 首先，收集过去和现在的照片，分别命名为“小男孩”和“青年”。这些照片应该能够清晰地展示面部特征和体型，以便AI能够准确地重建形象，如图8-45所示。

图 8-45

02 打开剪映专业版，单击“开始创作”按钮，进入编辑页面并将两张图片导入剪映，将其并列拖动至轨道上，如图8-46所示。

图 8-46

03 选中“青年”素材，并向右拖动，直至“小男孩”素材露出半张脸即可，如图8-47所示。

图 8-47

04 选中“青年”素材，单击右侧工具栏中的“画面”|“蒙版”|“线性”选项，将“羽化”调整至14，并将蒙版线旋转90°，如图8-48所示，然后单击界面右上角的“导出”按钮导出图片即可。

图 8-48

05 将刚刚导出的图片导入可灵AI图生视频功能，并在图片创意描述中输入提示词“一个男生和一个小男孩拥抱”，单击“立即生成”按钮，即可生成相应的视频内容了，如图8-49所示。

图 8-49

8.3.3 土豆变小狗

你是否曾在抖音、快手等热门短视频平台上，刷到过这样令人惊奇的视频：起初，画面展示的是一筐看似再平常不过的土豆，然而随着视频的推进，这些土豆仿佛被施了魔法，渐渐幻化成了一筐活泼可爱的小狗，令人恍若置身于梦幻之中。那么，利用可灵AI这样的智能工具，该如何创作出这样充满创意与趣味性的视频呢？接下来详细解析具体的操作步骤。

01 打开可灵AI，在首页单击“AI图片”工具，进入其编辑页面，在“图片创意描述”文本框内输入提示词“一筐土豆，俯视角度”，如图8-50所示，单击“立即生成”按钮，生成相应的图片。

图 8-50

02 执行操作后，选中一张较为满意的图片，将鼠标指针移至该图片上，单击弹出的“生成视频”按钮，如图8-51所示，即可自动跳转至“图生视频”编辑页面。

03 在“图片创意描述”文本框中填写关键词“很多小狗从筐子里爬了出来”，单击“立即生成”按钮，即可生成相应的视频，如图8-52所示。

图 8-51　　图 8-52

8.3.4 宠物下厨房

宠物下厨房是一种轻松有趣的视频内容，通常展现宠物在厨房中“帮忙”或探索的场景。这类视频通过将宠物置于日常生活场景中，营造出一种既搞笑又温馨的氛围，深受观众喜爱，下面是具体的操作步骤。

01 打开可灵主页，单击“AI图片”按钮，进入图片生成页面，在“创意描述”文本框中输入提示词“一只猫在厨房里包饺子”，这里的提示词结构是“主体+场景描述+主体运动”，如图8-53所示。

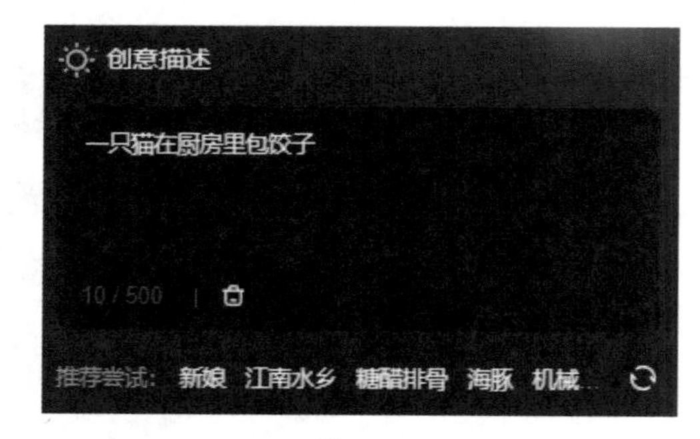

图 8-53

02 执行操作后，选择视频比例为3∶4，单击“立即生成”按钮，即可生成相应的图片，如图8-54所示。

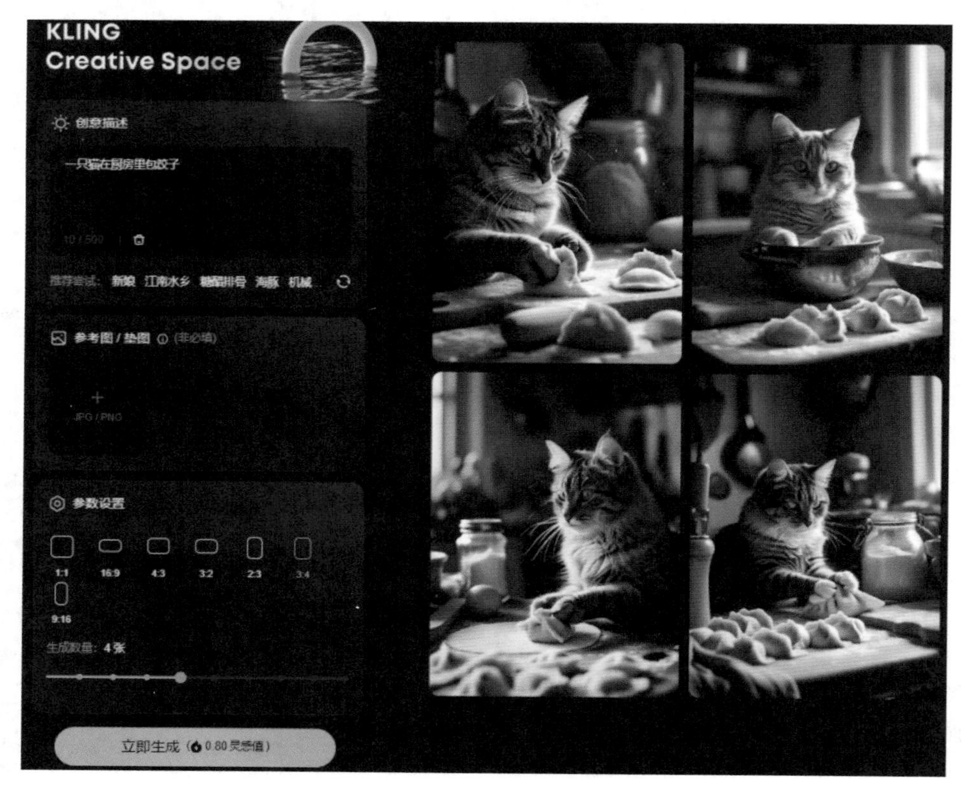

图 8-54

03 单击一张合适的图片，将其放大，单击图片下方的“生成视频”按钮，如图8-55所示，即可自动跳转至“图生视频”页面。

04 在“图片创意描述”文本框内输入提示词“一只猫在厨房里包饺子”，单击“立即生成”按钮，即可生成相应的视频，如图8-56所示。

图 8-55

图 8-56

8.3.5 动物秀场视频

动物走秀视频是一种通过AI技术，以动物为主角的创意视频形式，展示各种动物以拟人化的方式走秀。常见的场景包括猫、狗等宠物穿戴服饰，形成风格迥异的造型，或虚拟生成一些独特的、理论上不存在的动物形象，进一步增加趣味性。下面是具体的操作步骤。

01 打开可灵主页，单击“AI图片”按钮，进入图片生成页面，在“创意描述”文本框中输入提示词“全身像，拟人化的猫，行走，动态姿势，时尚T台，猫身穿时尚的服装，女装，香奈儿风格，巴黎时装秀，华丽的灯光”，如图8-57所示，用户根据自身需要调整提示词内容即可。

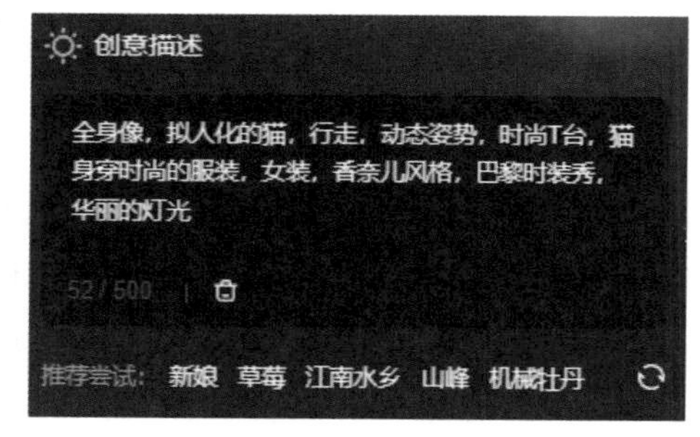

图 8-57

02 执行操作后，调整参数比例为9：16，单击“立即生成”按钮，即可生成相应的图片，如图8-58所示。

03 在生成的图片中，单击一张喜欢的图片，在弹出的悬浮框内单击“生成视频”按钮，即可自动跳转至“AI视频”编辑页面，如图8-59所示。

图 8-58

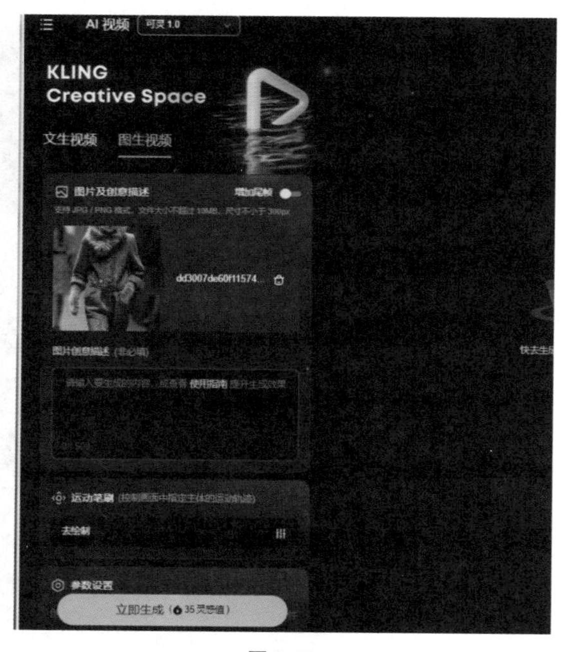

图 8-59

04 将“生成模式”调整为“高品质”，将“生成时长”调整为5s，单击“立即生成”按钮，即可生相应的视频，如图8-60所示。

图 8-60

第9章　可灵与其他工具联动

在各种人工智能平台上能够生成不同类型的内容，包括文字、图像和视频等。用户可以根据自己需要的内容类型，以及相关的主题或领域来选择合适的AI创作平台或工具，人工智能将会尽力为用户提供满意的结果。

9.1　对话类工具

对话类AI工具是基于自然语言处理（NLP）技术，能够理解和生成人类语言的人工智能程序。它们可以与用户进行实时的文字或语音对话，被广泛应用于客服、语音助手、聊天机器人等领域。这类工具可以通过学习大量对话数据，模拟人类的交流方式，并具备多轮对话和语境理解能力。

9.1.1　文心一言

百度是国内较早一批开始研究大模型的互联网企业。百度文心大模型是百度推出的一系列预训练模型，可以应用于各种自然语言处理任务，如文本分类、情感分析、问答系统等。这些大模型基于百度飞桨深度学习平台和文心知识增强技术，具备高效、准确、灵活的特点。

文心一言是百度基于文心大模型推出的生成式对话产品，如图9-1所示，可以通过与用户的交互，不断优化和改进自己的模型，提供精准、自然的对话服务。

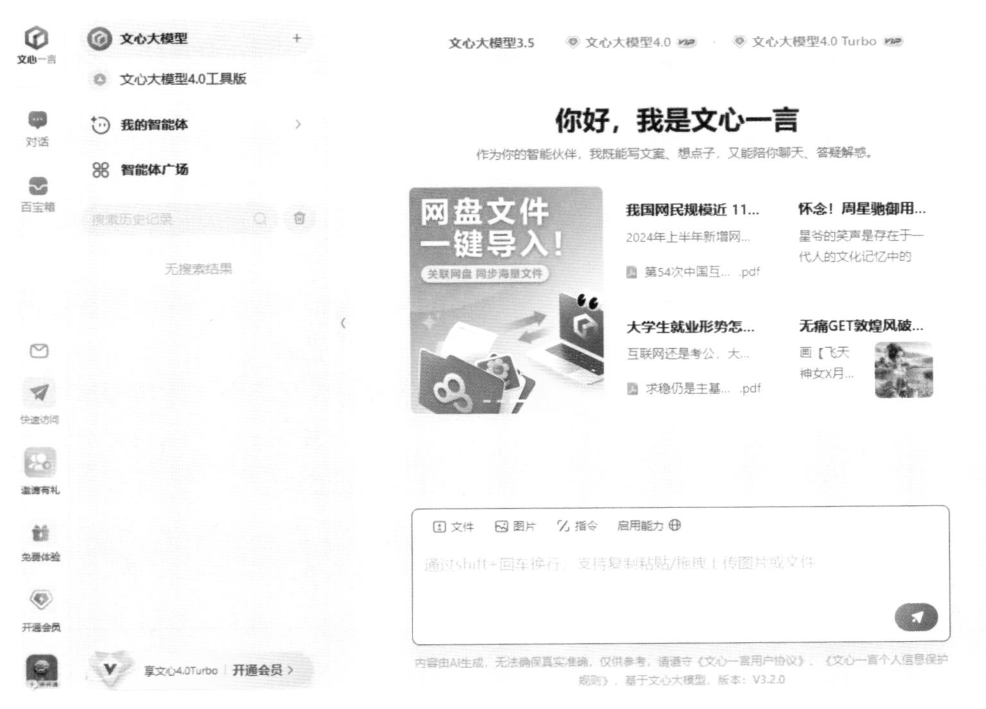

图 9-1

文心一言在处理中文文本时，能够更好地理解中文的语义、语法和上下文信息，并且能够根据不同的场景进行自然语言生成、文本分类、情感分析、文本匹配等任务。此外，文心一言还支持多种中文方言和少数民族语言，这使得它能够更好地适应不同地区和文化背景的用户需求，图9-2所示为文心一言生成的自我介绍。

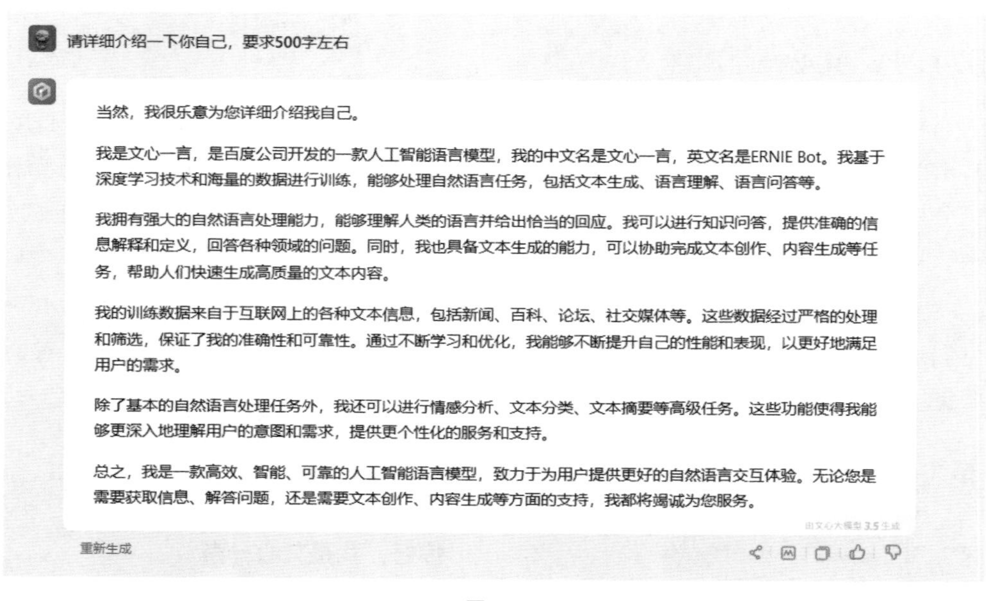

图 9-2

9.1.2 豆包

豆包是由字节跳动公司推出的一款多功能人工智能工具和免费AI聊天机器人，如图9-3所示，基于豆包大模型构建。该免费AI对话具备文案创作、PDF问答、长文本分析、学习辅助、图像生成、信息搜索与整合、AI智能体等能力，能够理解用户的需求并提供个性化服务。豆包旨在通过其强大的自然语言处理技术，帮助用户在工作、学习和日常生活中提高效率和创造力。

豆包还支持AI音乐生成，如图9-4所示，该功能提供民谣、嘻哈、R&B等11种音乐风格，其中还涵盖了爵士、雷鬼、电音等相对小众的曲风，用户可以选择男声或女声演唱。

豆包
新对话
AI 搜索
帮我写作
图像生成
阅读总结
最近对话
手机 & 插件端对话
我的智能体
收藏夹
下载 Windows 客户端
你好，1111111
你的超级助手已上线！
AI 搜索
实时资讯，丰富信源，整合搜索
帮我写作
多种体裁，润色校对，一键成文
图像生成
自定风格，搜集灵感，复制同款
阅读总结
论文课件，财报合同，翻译总结
音乐生成
歌词定制，曲风任选，人声演唱
更多
点击展示更多技能
翻译
图像生成
帮我写作
AI 搜索
阅读总结
音乐生成
更多

图 9-3

音乐生成
歌词定制，曲风任选，人声演唱
醒来
放松、男声
关于你
忧郁、女声
玉碎银鞍
悲伤、女声
漫漫
放松、男声
在全宇宙与你相遇
放松、男声
牙买加的偶遇
活力、男声
爱的具象化
快乐、女声
戏中梦
忧郁、女声
我想创作一首歌曲，用 AI 帮我写歌词 [描述歌词要表达的主题]。这首歌是
流行 音乐风格，传达 快乐 的情绪，使用 女声 音色

图 9-4

9.1.3 Kimi

Kimi AI是由月之暗面（Moonshot AI）推出的智能助手，如图9-5所示，最擅长的就是长文本生成。早在2023年10月9日，Kimi AI就实现了在长文本领域的突破，是首个支持输入20万汉字的智能助手产品，也是目前全球市场上能够产品化使用的大模型服务中所能支持的最长上下文输入，标志着Moonshot AI在这一重要技术上取得了世界领先水平。

图 9-5

除了文本生成，Kimi AI还能一键制作专业的PPT。这一功能不仅满足了职场人士对高效工作的需求，也可以帮助学生轻松完成课程作业。只需选择PPT模板，如图9-6所示，提供必要的内容信息，Kimi AI便能在短时间内生成符合需求的演示文稿，让用户能够更加专注于内容而非设计。

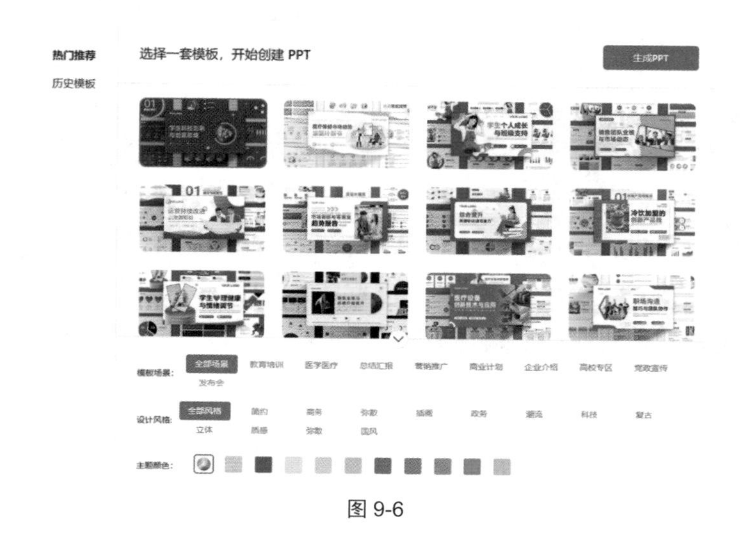

图 9-6

9.1.4　智谱清言

智谱清言是由北京智谱华章科技有限公司推出的生成式AI助手，如图9-7所示，该助手基于智谱AI自主研发的中英双语对话模型ChatGLM2，经过万亿字符的文本与代码预训练，并采用有监督微调技术，以通用对话的形式为用户提供智能化服务。

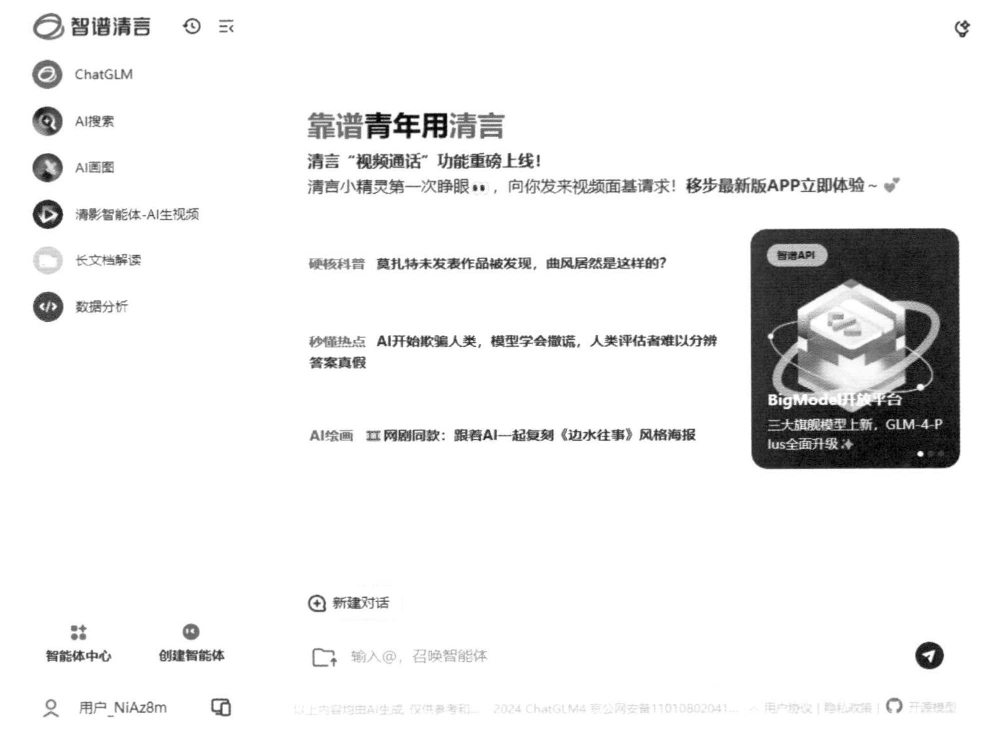

图 9-7

智谱清言的代码生成与编程辅助功能是其重要特性之一。它是能够理解用户需求的智能助手，并能够在多方面为用户提供有用的帮助，包括但不限于工作、学习、日常生活及编程辅助。具体来说，智谱清言的代码生成能力允许它支持100余种编程语言，能够更快、更精确地生成代码。这一功能对程序员来说是极大的便利，可以有效提高编程效率和准确性。如图9-8所示为根据用户的具体需求提供的编程解决方案。

用户_NiAz8m

使用代码语言画一个爱心

ChatGLM

代码生成：已完成

python　复制

```python
# Drawing a heart using a simple mathematical formula in Python
import matplotlib.pyplot as plt
import numpy as np

# Setting the range for x
x = np.linspace(-2, 2, 1000)

# The heart equation
y = np.sqrt(1 - (abs(x) - 1)**2)
y2 = -3 * np.sqrt(1 - (abs(x) / 2)**0.5)

# Plotting the heart
plt.figure(figsize=(6, 6))
plt.plot(x, y, color='red')
plt.plot(x, y2, color='red')
plt.fill_between(x, y, color='red')
plt.fill_between(x, y2, color='red')
plt.xlim(-2.5, 2.5)
plt.ylim(-3.5, 1.5)
plt.axis('equal')
plt.show()
```

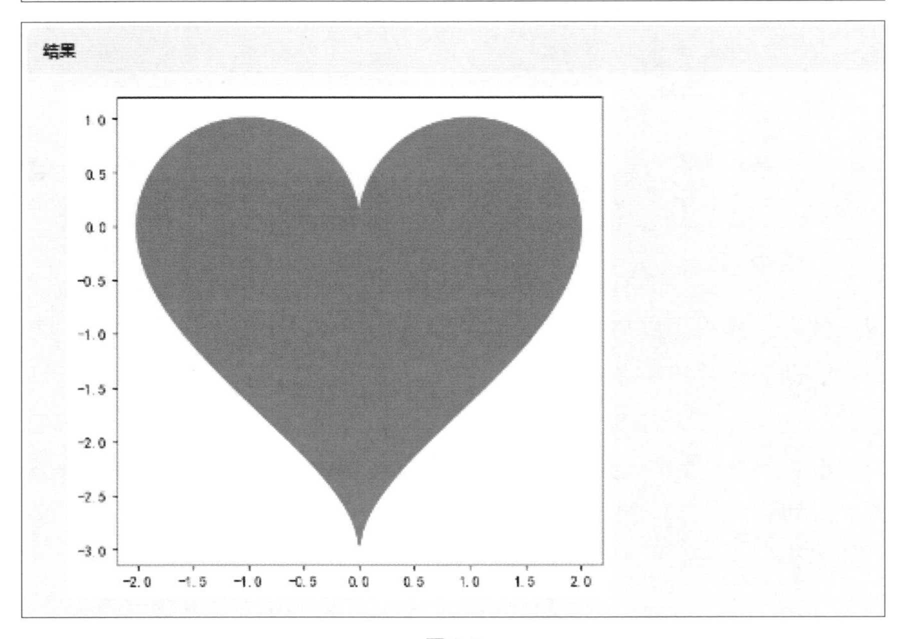

图 9-8

9.1.5　对话类工具与可灵联动

本节以文心一言为例，介绍如何使用对话类工具与可灵联合创作，下面是具体的操作步骤。

01 打开文心一言，在文本框内输入“我想让AI生成一幅海边日落的场景，请你给出AI绘画提示词示例”，按【Enter】键，即可自动生成相应的提示词。

这里是一个生成海边日落场景的AI绘画提示词示例。

提示词：“宁静的海边日落，天空被橙色、粉色和紫色的光辉染透，太阳正缓缓沉入地平线。海面上波光粼粼，倒映出夕阳的余晖。沙滩上有一些散落的贝壳，轻柔的浪花拍打着海岸。远处几只海鸥飞翔，整个场景充满了平和和浪漫的氛围。使用柔和的色调和自然光线，风格写实。”

这个提示词详细描述了想要的场景和氛围，并加入了细节和风格要求。

02 复制生成的提示词，打开可灵AI，单击“AI图片”按钮，进入图片生成页面，将复制的提示词粘贴至“创意描述”文本框中，如图9-9所示。

03 执行操作后，单击“立即生成”按钮，即可生成相应的图像，如图9-10所示。

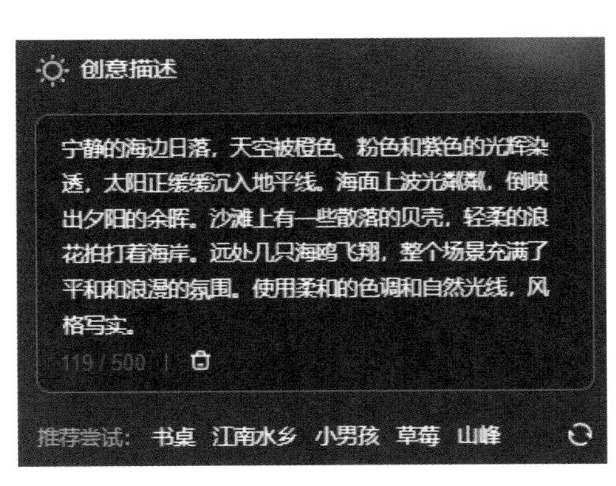

图 9-9

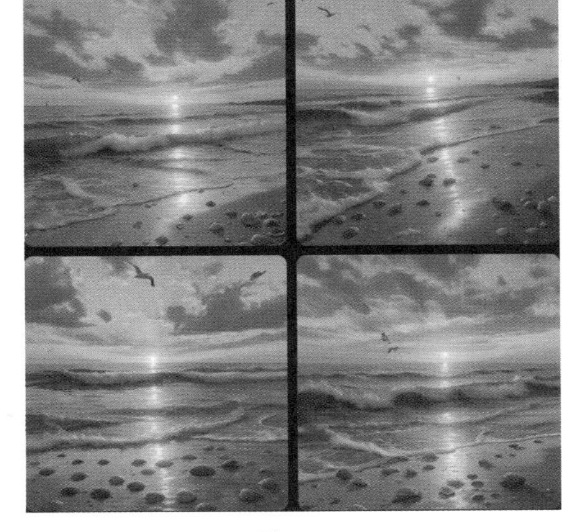

图 9-10

9.2　图像类工具

图像类AI工具是一类基于人工智能技术的应用，专门用于图像处理、生成、识别、编辑和分析。通过深度学习、计算机视觉和生成对抗网络（GANs）等技术，这些工具能够实现从基础的图片编辑到复杂的图像生成和识别任务。图像类

AI工具在设计、艺术创作、医疗影像、安防监控等领域中发挥了重要作用。

9.2.1 文心一格

文心一格是百度依托飞桨、文心大模型的技术创新而推出的AI艺术和创意辅助平台，如图9-11所示。定位为有设计需求和创意的人群，基于文心大模型智能生成多样化AI创意图片，辅助创意设计，打破创意瓶颈。

图 9-11

如果生成一张图片之后不那么满意，文心一格有很多功能可以帮助用户进行二次编辑。

一是涂抹功能，用户可以涂抹不满意的部分，让模型调整后重新生成，如图9-12所示。

二是图片叠加功能，用户提供两张图片，模型会自动生成一张叠加后的创意图，如图9-13所示。

文心一格还支持用户输入图片的可控生成，根据图片的动作或者线稿等生成新图片，让图片生成结果更可控。文心一格还在持续进行模型升级，不断丰富产品功能，已推出了海报创作、图片扩展和提升图片清晰度等功能，提供多种生图服务满足用户需求。

文心一格
首页
AI创作
AI编辑
实验室
热门活动
灵感中心
创作管理
630
涂抹编辑
数量
立即生成
推荐
自定义
商品图
艺术字
海报
图片扩展
图片变高清
涂抹消除
智能抠图
涂抹编辑
图片叠加
收起
会员电量加速模式
VIP
切换

图 9-12

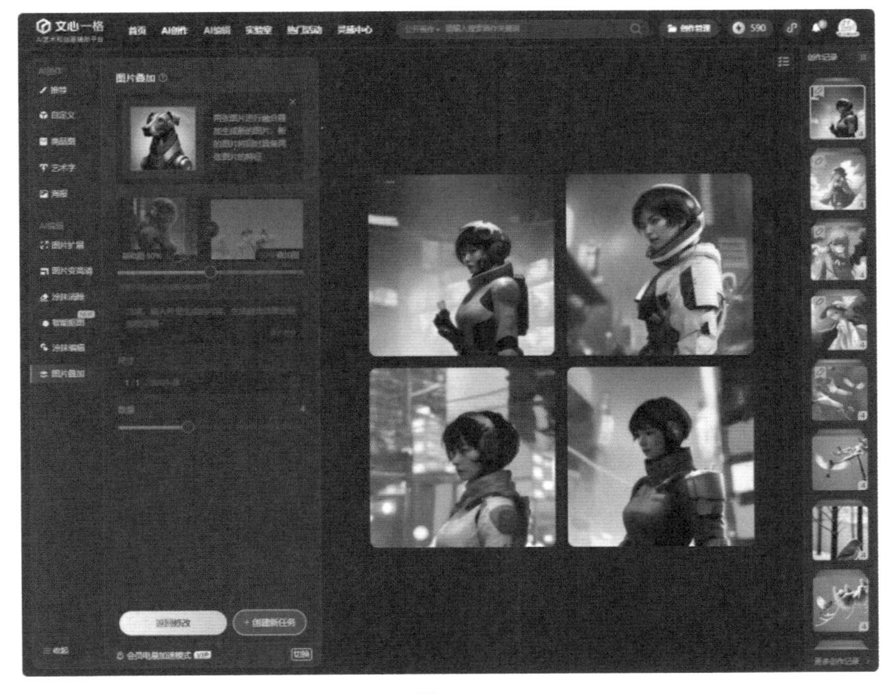
文心一格
首页
AI创作
AI编辑
实验室
热门活动
灵感中心
创作管理
590
图片叠加
推荐
自定义
商品图
艺术字
海报
图片扩展
图片变高清
涂抹消除
智能抠图
涂抹编辑
图片叠加
数量
回到修改
创建新任务
收起
会员电量加速模式
VIP
切换

图 9-13

9.2.2 即梦Dreamina

即梦Dreamina是一款由字节跳动公司推出的AIGC创作工具，可支持通过输入自然语言及图片，生成高质量的图像及视频，提供首尾帧、对口型、运镜控制、速度控制等AI编辑能力，并有海量影像灵感及兴趣社区，一站式为用户提供创意灵感、流畅工作流、社区交互等资源，为用户的创作提效，如图9-14所示。

图 9-14

即梦AI的智能画布功能是其一站式AI创作平台中的重要组成部分，智能画布集成了AI拼图生成能力，并提供局部重绘、一键扩图、图像消除和抠图等多种功能，如图9-15所示。用户可以在同一画布上实现多元素的无缝拼接，确保AI绘画的创作风格统一和谐。这一功能不仅支持用户自由创作，还极大地提高了创作效率和灵活性。

图 9-15

9.2.3　造梦日记

造梦日记是由西湖心辰联合西湖大学共同研发的一款先进的AI绘画工具，如图9-16所示。这款工具融合了多模态模型训练和图像生成技术，为用户提供了一个强大的创作平台。造梦日记的核心理念是让每个人都能实现自己的创作梦想，无论是专业艺术家还是普通用户，都能借助AI的力量将想象力转化为视觉作品。

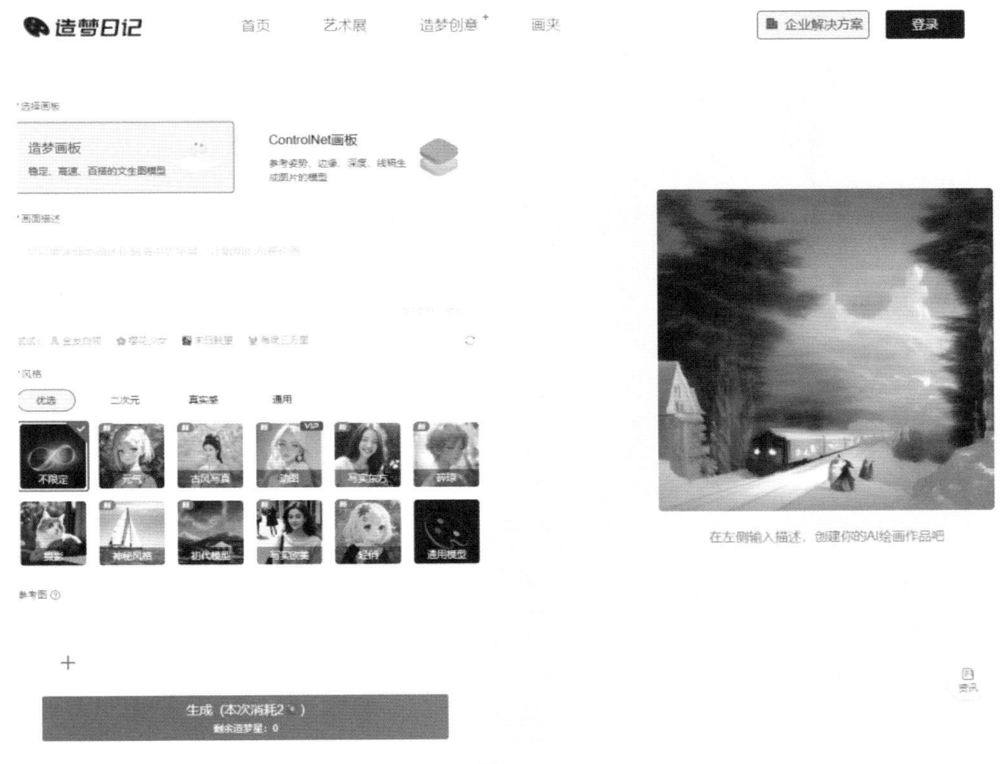

图 9-16

9.2.4　通义万相

通义万相是阿里云通义系列AI绘画创作大模型，自2023年7月7日正式上线以来，凭借其强大的图像生成能力，在多个领域展现了广泛的应用价值。目前通义万相支持图像生成和视频生成，图像生成有文字作画、涂鸦作画、相似图生成、风格迁移、艺术字、虚拟模特、写真馆等模式，如图9-17所示。

图 9-17

视频生成功能支持文生视频和图生视频两种方式，可以根据用户提供的文字提示词或图片，自动创作出具有影视级画面质感的高清视频（最长6秒），如图9-18所示。

图 9-18

在使用文生视频功能时，可以使用灵感扩写功能，通义万相可以根据简单的提示词内容，通过智能扩写为用户提供更完善的提示词描述，显著提升视频画面丰富度与表现力，如图9-19所示。

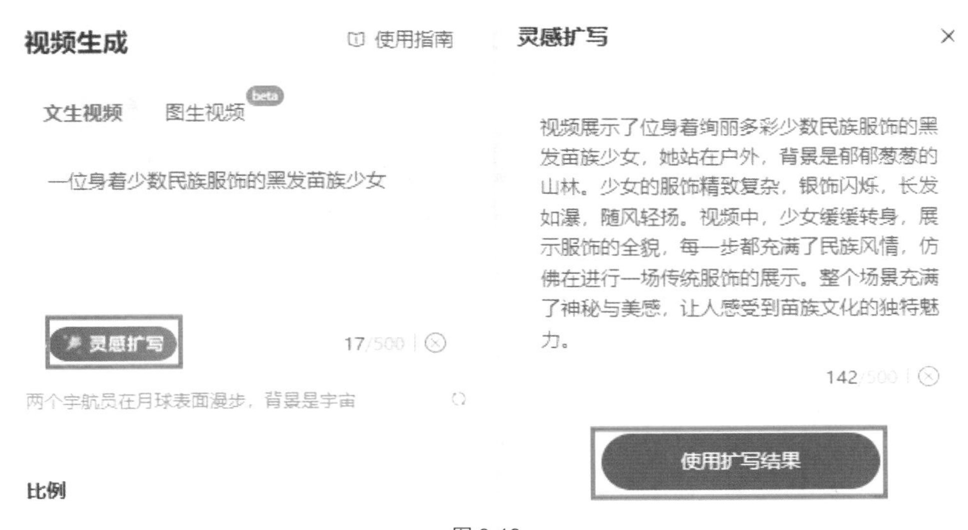

图 9-19

9.2.5　图像类工具与可灵联动

本节以可灵为例，详细介绍图像类工具如何与可灵联动，下面是具体的操作步骤。

01 打开文心一格，在主页单击“立即创作”按钮，进入图像创作界面。在提示词文本框内输入“安静的湖面，湖边有几棵柳树，水面倒映着星星”，如图9-20所示。

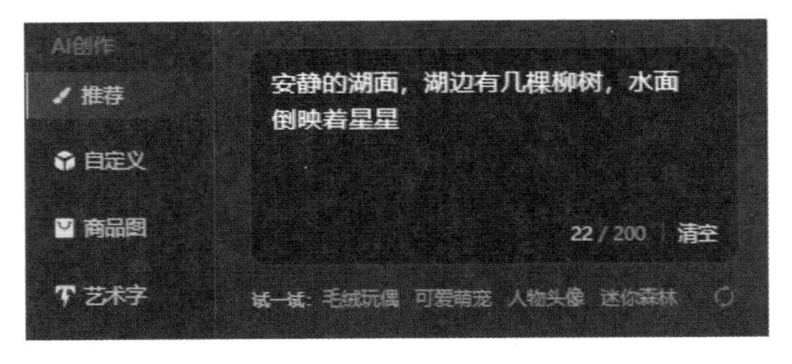

图 9-20

02 执行操作后，单击“立即生成”按钮，生成相应的图像，如图9-21所示。

图 9-21

03 单击一张较为满意的图像，即可放大图像。单击界面右上角的“下载”按钮，即可将图像下载至本地，如图9-22所示。

04 将下载后的图像导入可灵AI的“图生视频”界面，单击“立即生成”按钮，即可生成相应的视频，如图9-23所示。

图 9-22

图 9-23

9.3　视频类工具

视频类AI工具是基于人工智能技术，能够生成、编辑、优化和分析视频内容的应用。通过计算机视觉、深度学习、生成对抗网络（GANs）等技术，这些工具能够提供从自动剪辑到高质量视频生成等功能。

9.3.1　剪映

剪映是一款由字节跳动推出的智能视频剪辑软件，专为短视频创作者和普通用户设计。剪映借助AI技术，提供了一键成片、图文成片、智能字幕等功能，如图9-24所示，简化了视频制作流程。

通过剪映AI自动识别视频中的重要片段、匹配音乐节奏、自动生成字幕，用户能够快速生成高质量的成品视频。无论是社交媒体的短视频创作，还是日常视频记录，剪映都能让用户以更少的时间和精力完成复杂的视频编辑任务，成为创作的利器。

图 9-24

9.3.2　即创

即创是抖音推出的一站式电商智能创作平台，提供AI视频创作、图文创作和直播创作三大功能，借助AI节省短视频和直播的成本和时间，全方面满足短视频和抖音电商从业者的创作需求。

即创配备了AI视频创作工具，提供AI视频脚本、数字人成片和智能剪辑等功能，如图9-25所示，便于快速生成出色的视频。同样的，即创也能通过图文编辑工具简化文章、产品详情页等图文制作流程、直播创作过程等。

图 9-25

即创的智能剪辑功能是其亮点之一，是即创平台生成素材成片的工具，如图9-26所示，它利用AIGC技术辅助用户对上传的视频素材自动完成剪辑、渲染等一系列复杂的操作。通过简单的输入方式，智能为视频添加脚本、口播、配乐等元素，实现视频素材的自动化和批量化生产。

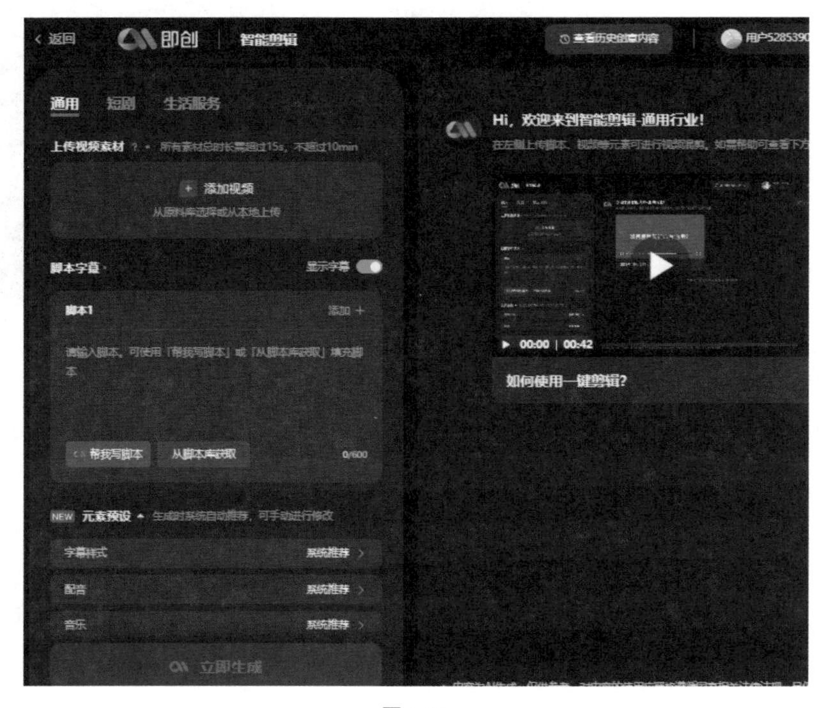

图 9-26

9.3.3　一帧秒创

一帧秒创是基于新壹视频大模型及一帧AIGC智能引擎的内容生成平台，由新壹（北京）科技有限公司研发并推出。该平台充分利用了新壹科技在视频领域的深厚积累，包括数十亿条视频素材的积累和深度结构化处理。

在数字化内容创作日益繁荣的今天，一帧秒创作为一款基于秒创AIGC引擎的智能AI内容生产平台（图9-27），凭借其强大的功能和便捷的操作体验，迅速成为创作者们的得力助手。

图 9-27

一帧秒创最核心的功能就是图文转视频功能，依托AI技术，识别文字语义，自动分镜头匹配素材，实现“自动化视频剪辑”，如图9-28所示。

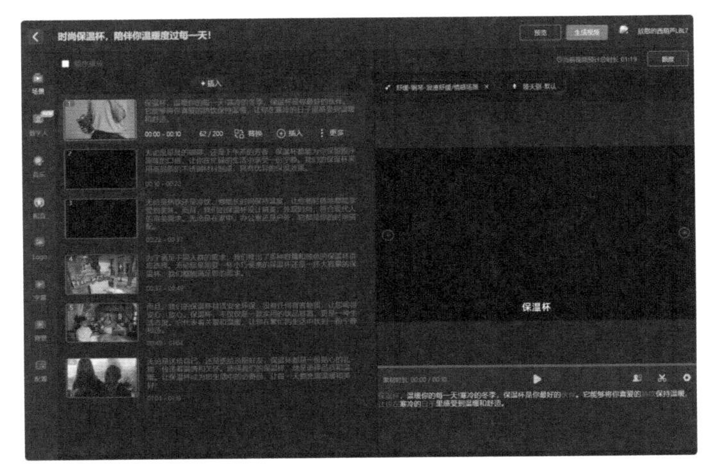

图 9-28

9.3.4 腾讯智影

腾讯智影是由腾讯计算机系统有限公司发布的一款集素材收集、视频剪辑、后期包装、渲染导出和发布于一体的在线剪辑平台，如图9-29所示，能够为用户提供端到端的一站式视频剪辑及制作服务。

图 9-29

腾讯智影的核心功能主要集中在“人”“声”“影”3个方面，“人”代表数字人播报，“声”代表文本配音，“影”代表视频剪辑与创作，具体介绍如下。

（1）数字人

腾讯智影目前开放了数十款风格多元的数字人，创作者可以根据自己的需求选择数字人形象、服装，并添加不同的动作、背景等，以满足不同场景的创作需求，如图9-30所示。

（2）文本配音

腾讯智影的文本配音功能提供了几十种音色供用户选择，用户输入文本即可生成自然语音。这一功能操作简单便捷，适用于新闻播报、短视频创作、有声小说等各种场景。

同时，用户还可以手动调整语音倍速、局部变速、多音字和停顿等效果，以及支持多情感和方言播报，让音频听起来更为生动自然，如图9-31所示。

图 9-30

图 9-31

（3）视频剪辑与创作

腾讯智影提供了专业易用的视频剪辑器，支持视频多轨道剪辑、添加特效与转场、添加素材、添加关键帧、制作动画、添加蒙版、变速、倒放、镜像、画面调节等功能。这些功能使得视频剪辑更加灵活和高效。

腾讯智影支持用户素材的上传储存与管理。用户可上传本地素材并实时剪辑视频，上传视频文件无须等待，即可开始剪辑创作，还提供了海量的版权素材供用户选择和使用，如图9-32所示。

图 9-32

9.3.5 视频类工具与可灵联动

本节将以剪映为例，详细介绍可灵AI和视频类工具联合创作的操作步骤。

01 打开可灵AI，使用可灵的“AI图片”功能，生成一组风景图像，保存至本地，如图9-33所示。

图 9-33

02 打开剪映App，在主页中选择“一键成片”功能，将生成的图像导入剪映，如图9-34所示。

03 选择模板，即可自动生成一段剪辑好的视频，如图9-35所示，单击界面右上角的“导出”按钮，即可将视频导出至本地。

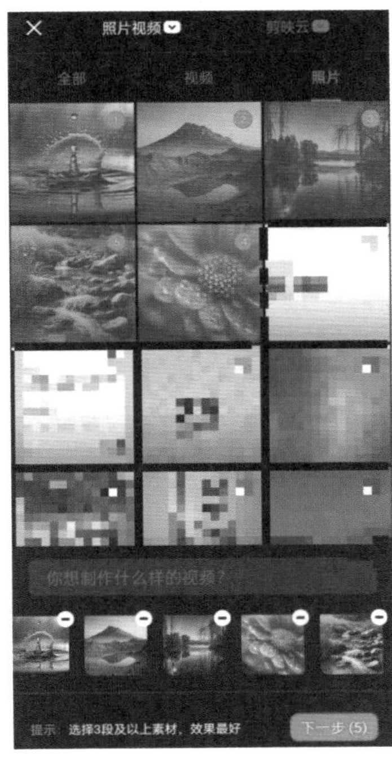

图 9-34

图 9-35

9.4 手机版可灵：快影 AI 创作

快影App是一款集视频拍摄、剪辑和制作于一体的综合性工具，支持iOS和Android两大主流操作系统。它以丰富的功能、高效的性能和便捷的操作，为用户提供了前所未有的视频创作体验。

9.4.1 快影AI创作界面介绍

手机版可灵是内置在快影App中的一个模块，旨在为用户提供更便捷、高效的短视频创作体验，下面介绍手机版可灵AI的界面。

01 打开快影App，在首页点击“开始创作”功能，如图9-36所示，进入“AI创作”功能界面，如图9-37所示。

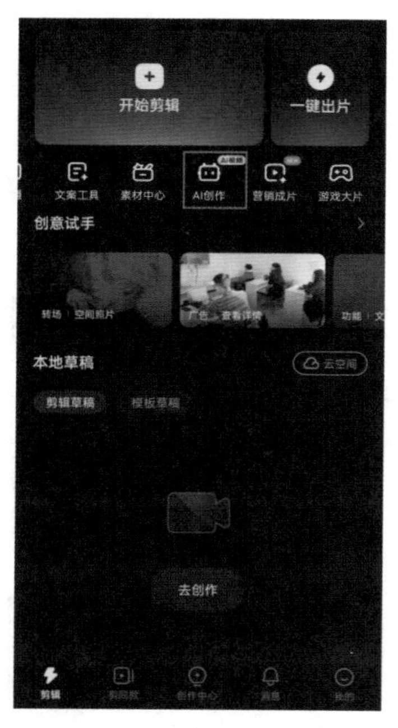

图 9-36

图 9-37

02 通过点击“AI玩法”“AI工具”“AI文案”“处理记录”等按钮，来切换至对应的功能界面，如图9-38所示。

03 点击“AI工具”|“AI生视频”功能，进入“可灵×快影AI生视频”编辑界面，如图9-39所示。可以看到有“文生视频”和“图生视频”两种视频生成方式。在“文生视频”编辑界面可以设置文字描述、视频质量、视频市场和视频比例等。

AI创作
处理记录
推荐
AI玩法
AI工具
AI文案
AI卡点视频
选择音乐和素材生成卡点视频
热门模板
立即体验
AI舞王
让照片热舞起来

AI创作
处理记录
推荐
AI玩法
AI工具
AI文案
快影
可灵AI
AI生视频
让你的想象力动起来
限时内测
热门模板
生成视频
AI作图
输入指令生成我的专属图片

AI创作
处理记录
推荐
AI玩法
AI工具
AI文案
新建文案
文案提取
链接提取
视频提取
图片提取
AI帮你写
自由生成
情感语录
恋爱指导
文案润色
AI扩写
AI续写
AI简化
我的文案
全部
暂无草稿记录
去创作

处理记录
AI生视频
AI作图
处理记录
批量创作
一只兔子坐在椅子上，看着手...
00:05
预览

图 9-38

04 而“图生视频”支持用户上传静态图片，并通过该功能生成视频内容，如图9-40所示。

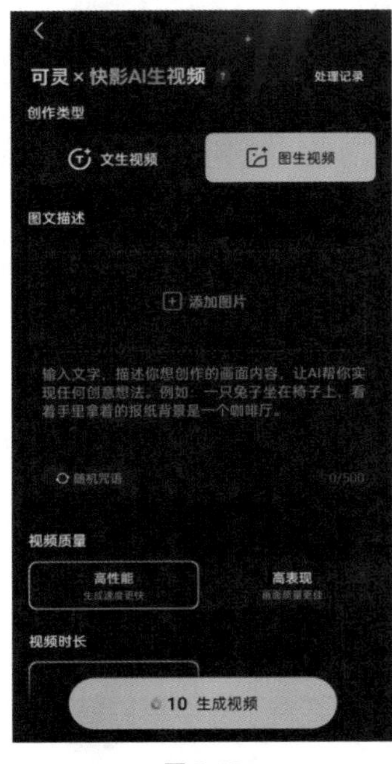

图 9-39

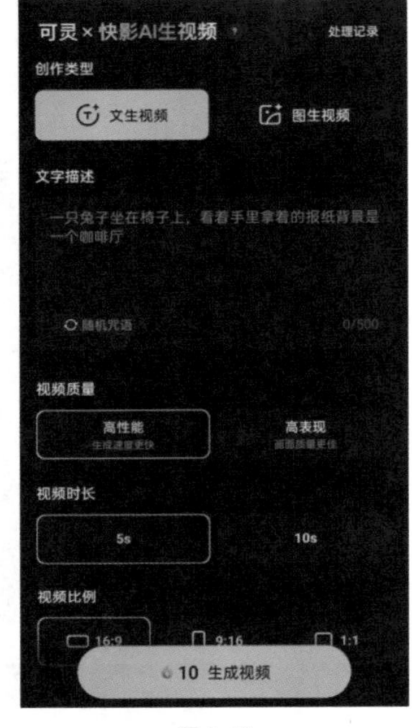

图 9-40

9.4.2 AI幻术：让文字融入图片

AI幻术利用深度学习等先进技术，对图像进行智能分析和再创造。它能够识别图像中的元素，并依据艺术风格、色彩搭配等参数，将文字与图片完美融合，生成全新的视觉效果。下面介绍使用快影中的AI创作功能制作让文字融入图片效果。

01 打开快影App，在首页点击“开始创作”功能，进入“AI创作”功能界面，点击“AI玩法”中的“AI幻术”功能，如图9-41所示。

02 执行操作后，进入“AI幻术”编辑界面，在文本框内输入相应的提示词，如图9-42所示。

03 执行操作后，点击“立即体验”按钮，即可生成相应的图片，如图9-43所示。

04 点击界面下方的“下载”按钮或“无水印导出并分享”按钮，即可将内容保存至本地或分享至快手平台，如图9-44所示。

图 9-41

图 9-42

图 9-43

图 9-44

快影App AI创作功能的基础用法与可灵AI电脑版类似，但其拥有许多热门的模板，例如“AI舞王：让照片跳舞”“AI变装：时尚一步到位”等。这里不一一列举，用户可以通过尝试自己生成更多创意的视频或图像。

第10章　AI视频制作技术商业应用

AI视频制作技术商业应用正在迅速改变着各行各业的内容生产方式。通过人工智能技术，视频制作变得更加高效、精准和个性化。广告行业可以利用AI生成针对不同用户群体的个性化视频，增强广告投放效果；电商领域则可以通过AI自动生成产品展示视频，提高用户的转化率。无论是媒体、营销还是娱乐行业，AI视频制作技术正在成为推动业务创新和发展的强大引擎。

10.1　电商网页动图制作

电商网页动图是指电商平台上用于展示产品、促销活动或品牌故事的动态图片。相较于静态图片，动图通过简单的动画效果，如产品旋转、渐变、切换场景等，吸引用户注意，增强视觉冲击力。本节将通过几个实际案例讲解如何使用可灵制作电商网页动图效果。

10.1.1　运动鞋动图

运动鞋动图是指以运动鞋为主题的动态图片，旨在突出运动鞋的设计、功能和美感。下面介绍使用可灵制作运动鞋动图的具体操作步骤。

01 打开可灵主页，单击“AI视频”按钮，进入“文生视频”页面，在“创意描述”文本框中输入提示词“一个可以旋转的展示台上有一双很酷的运动鞋，展示台旋转，全方位展示运动鞋的细节，明亮的环境，简洁的背景，高分辨率拍摄，产品摄影”，如图10-1所示。

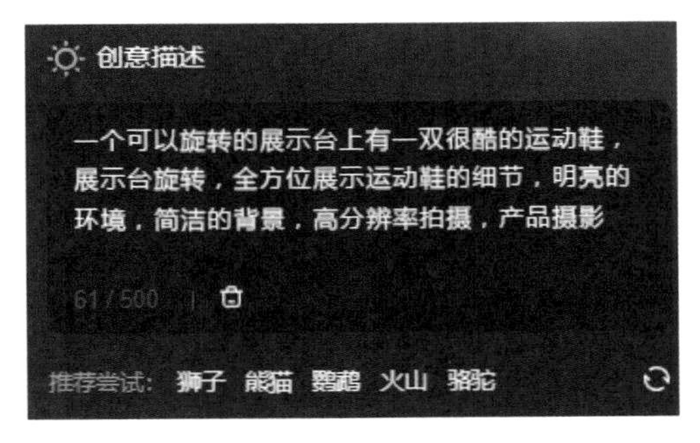

图 10-1

提示：在通常情况下，电商产品摄影有两种类型，一个是“产品摄影”，一个是“商业摄影”。产品摄影的目的在于突出产品细节、外观、材质等，而商业摄影是为传达品牌形象、生活方式或情感，吸引消费者。

02 单击“立即生成”按钮，即可生成相应的视频，如图10-2所示。

图 10-2

提示：由于可灵目前并不能直接生成动图，只能先生成视频，将其下载至本地，再使用其他格式转换软件，最终转换为动图效果。

03 打开剪映，将下载的视频导入，并将其拖动至轨道上，单击界面右上角的“导出”按钮，选择“GIF导出”复选框，并选择导出的分辨率，单击“导出”按钮即可，如图10-3所示。

图 10-3

04 执行操作后，即可完成运动鞋动图的制作，最终效果展示如图10-4所示。

图 10-4

10.1.2　水花拍打饮料瓶效果

水花拍打饮料瓶效果是指在视频中模拟水花以高速撞击或流动拍打饮料瓶表面的场景。这个效果通常通过动画或动态影像展示，表现出水花在接触瓶身后飞溅、扩散或四散喷射的逼真瞬间，水滴和水花的动态变化则与瓶子产生交互，营造出强烈的冲击感或清新感。这个效果常用于广告、产品展示或创意视觉项目中，目的是突出饮料的清凉感、活力感或其他品牌元素。下面介绍使用可灵制作水花拍打饮料瓶效果的具体操作步骤。

01 打开可灵主页，单击“AI图片”按钮，进入图片生成页面，在“创意描述”文本框中输入提示词“透明饮料瓶立于平面上，瓶体为蓝绿色透明塑料，水花从四周拍打瓶身并飞溅，超高清细节，逼真的反光和光影效果，高度逼真的动态效果”，如图10-5所示。

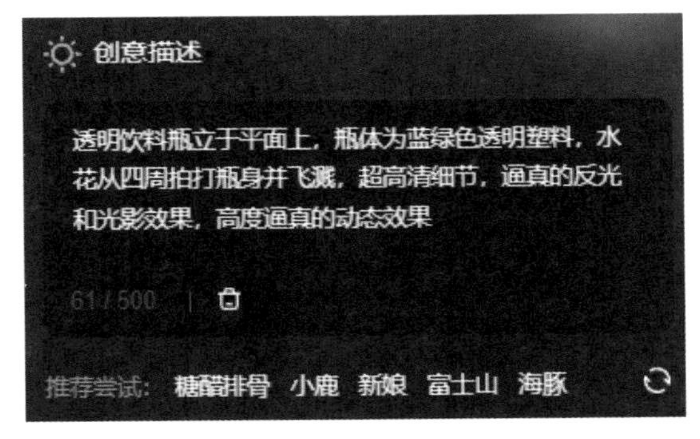

图 10-5

02 单击“立即生成”按钮，即可生成相应的图片，如图10-6所示。

图 10-6

03 将鼠标指针移至合适的图片上，单击“下载”按钮，将图片下载至本地。单击“图生视频”中的“运动笔刷”功能，上传下载后的图片，为周围的水花绘制特定的运动区域，如图10-7所示。

图 10-7

04 单击“静止区域”功能，涂抹整个饮料瓶身，让生成的视频中的瓶身处于静止不动的状态，然后单击“确认添加”按钮即可，如图10-8所示。

图 10-8

05 执行操作后，单击“立即生成”按钮，即可自动生成相应的视频，如图10-9所示。

图 10-9

提示：将生成后的视频通过相应的文件格式转换软件转换为动图即可。

10.1.3 人物回眸效果

人物回眸效果是指在影视、动画或视觉艺术中，角色突然转头或轻微转身，朝向镜头或观众的动作。通常这种效果用来表达情感、悬念或吸引观众的注意。

在电商广告中，人物回眸可以成为一种富有视觉吸引力的展示手法，尤其适用于时尚类产品的推广。通过回眸动作，能够有效地突出商品的细节和魅力。下面介绍使用可灵制作人物回眸展示耳环效果的具体操作步骤。

01 打开可灵主页，单击“AI视频”按钮，进入“文生视频”页面，在“创意描述”文本框中输入提示词“一位穿着白色长裙的长发女生，慢慢转头面向镜头，微笑，镜头拉近展示耳朵上精美的耳环，五官精致，俊美的脸庞，白色背景，辛烷渲染，光线追踪，景深，超级细节”，如图10-10所示。

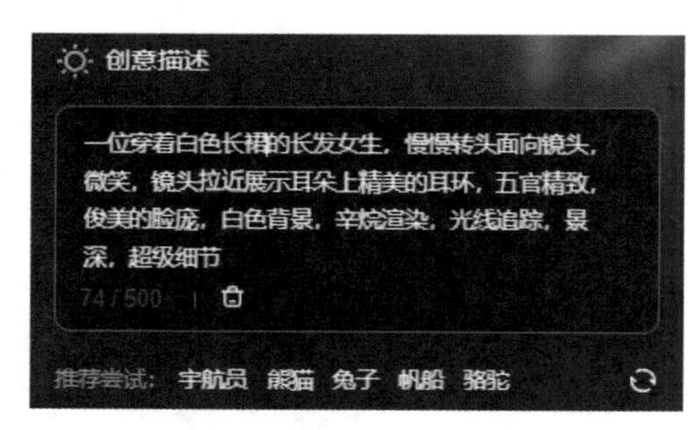

图 10-10

02 调整参数设置，将“生成模式”调整为“高品质”，将“生成时长”调整为5s，将“视频比例”调整为1：1，将“生成数量”调整为1条，如图10-11所示。

03 调整运镜控制，将“运镜方式”调整为“拉远/推进”，并将数值调整为10，如图10-12所示，通过拉近镜头来展示更多的细节。

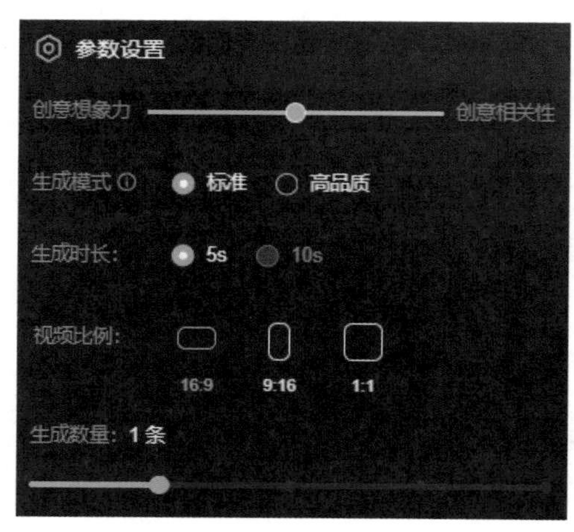

图 10-11

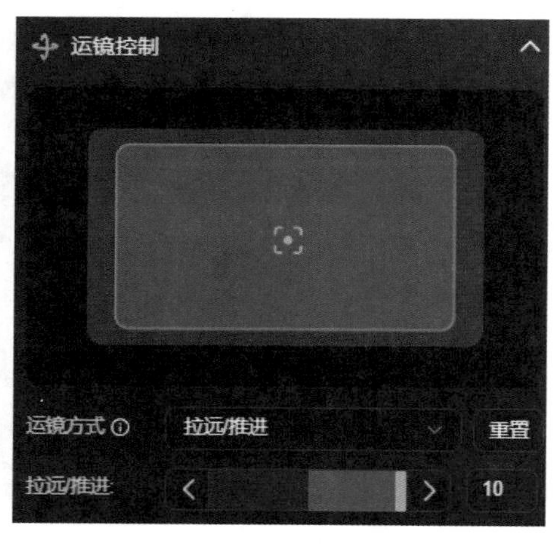

图 10-12

04 执行操作后，单击“立即生成”按钮，生成后的视频效果如图10-13所示。

图 10-13

10.2　自媒体视频制作

作为互联网时代的产物，自媒体正逐步改变人们的生活方式。随着社交媒体平台和用户生成内容平台的兴起，这种影响更加明显，普通人可以通过这些平台分享自己的观点、经验和创作给广大的受众。与此同时，自媒体时代涌现了大量的视频创作平台，如哔哩哔哩、抖音、快手等。

以抖音短视频为例，制作短视频通常需要5个步骤：确定主题、撰写脚本、拍摄执行、后期制作及上线发布。这一过程不仅耗时，还耗费精力，但如果借助AI工具进行短视频创作，工作量将显著减少。接下来将介绍如何利用文心一言、可灵、剪映等AI工具，快速、高效地制作自媒体视频。

10.2.1　确定主题

每个视频都应传递明确的信息，这些信息可以是具体的，如知识分享、日常记录、流程展示或技能教学，也可以是抽象的，涉及情感、氛围、状态或思考。各种类型的视频都遵循这一原则，无论是美妆、游戏、萌宠、科普、情感表达、高效生活、娱乐还是健身等。

具体的主题通常围绕某一特定事物进行讨论，而抽象的主题则更多聚焦于感受的呈现，比如情绪波动、感人时刻或深刻的体验。虽然主题内容可能一致，但不同的表达方式会带给观众截然不同的观看感受。本章选择以生活记录为主题，展示个人的日常生活片段。

10.2.2 用文心一言撰写脚本

在确定主题后，可以使用文心一言制作视频脚本。给文心一言提供一些基础信息或场景设定，它能够生成台词或场景描述，有助于加速创作流程并提供多元化的选择。同时，文心一言能够提供独特的创意和观点，帮助创作者在剧本创作过程中拓展思维。它能通过生成各种设定和场景，为创作者提供创作灵感，以及探讨和开发不同的故事线和角色。下面介绍用文心一言撰写脚本的具体操作步骤。

01 打开文心一言，在其文本框内输入提示词“我想要制作一个以生活纪律为主题的自媒体视频，主要展示个人的日常生活片段，请你为我构思一个15秒的脚本，由3个5秒视频组成。请以表格的形式回答，包含镜头数、场景描述、人物动作、对话。”如图10-14所示。

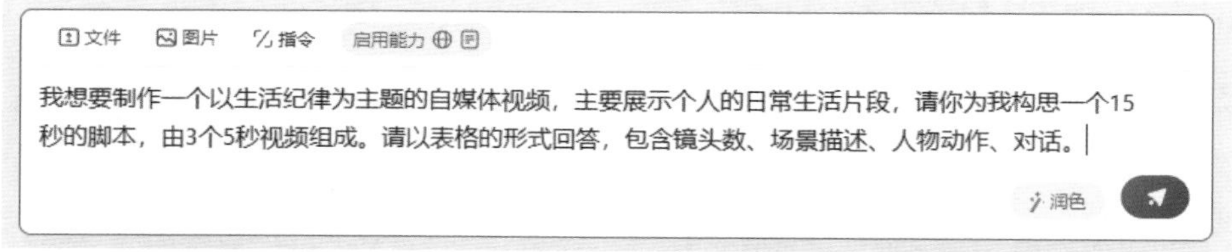

文件 图片 指令 启用能力

我想要制作一个以生活纪律为主题的自媒体视频，主要展示个人的日常生活片段，请你为我构思一个15秒的脚本，由3个5秒视频组成。请以表格的形式回答，包含镜头数、场景描述、人物动作、对话。

润色

图 10-14

02 输入提示词后，按［Enter］键确认，得到的回复如表10-1所示。

表 10-1

镜头序号	场景描述	人物动作	对话
1	温暖的卧室	人物闹钟响起，迅速起床	“新的一天，加油！”
		整理床铺，进行晨练拉伸	
2	洗手间	对着镜子刷牙	“还是好困……”
		一副没睡醒的样子	
3	厨房	人物准备早餐，摆放餐具	“健康饮食，从我做起”
		品尝早餐，满意点头	

脚本概述如下。

- 镜头1（5秒）：早晨，卧室里，人物迅速从床上起来，展现积极向上的生活态度，配以“新的一天，加油！”的旁白或字幕。
- 镜头2（5秒）：随后，人物来到洗手间对着镜子刷牙，睡眼蒙眬，一副没睡醒的样子，配以“还是好困……”的旁白或字幕。
- 镜头3（5秒）：切换到厨房场景，人物正在准备早餐，摆放整齐的餐具和营养均衡的食物，强调健康的生活习惯，边品尝早餐边说出“健康饮食，从我做起”，传递出对生活质量的重视。

这样的视频脚本既展示了个人生活纪律的多个方面，又通过简短的对话或旁白传达了积极向上的生活理念，适合用于在自媒体平台分享。

文心一言生成的镜头脚本过于口语化且复杂，可能AI对此描述并不能全部理解，因此可以通过“主体+运动+场景”的形式，拆分成小镜头，转换后的脚本描述如下。

- 镜头1：温暖的卧室，一名年轻的男子从床上醒来，看着窗外。
- 镜头2：一名年轻的男子在洗手间对着镜子刷牙，睡眼蒙眬，眼睛无神。
- 镜头3：年轻男子在厨房做三明治，眼睛看着正在做的三明治。
- 镜头4：年轻男子在客厅吃着三明治，抬手将三明治送入口中。

10.2.3　用可灵生成视频片段

完成视频脚本的撰写后，即可使用可灵生成视频片段了，下面介绍使用可灵生成视频片段的具体操作步骤。

01 打开可灵主页，单击“AI视频”按钮，进入“文生视频”页面，在“创意描述”文本框中输入镜头1的描述词，如图10-15所示。

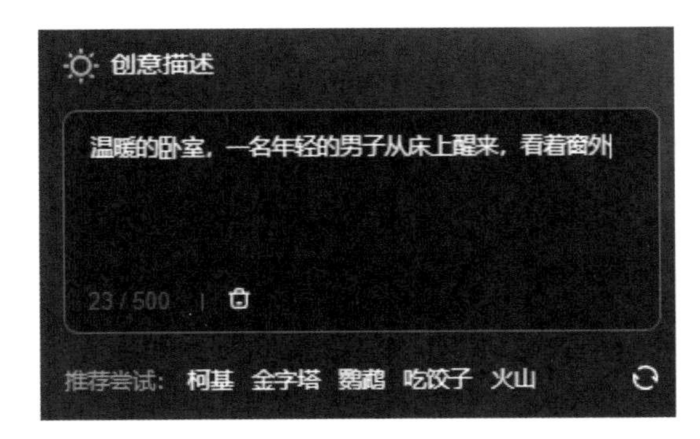

图 10-15

02 将“参数设置”中的“创意相关性”调整为0.7，将“生成模式”调整为“高品质”，将“生成时长”调整为5s，将“视频比例”调整为9：16，将“生成数量”调整为1条，如图10-16所示。

03 添加运镜控制，从而增强视觉效果或情感表达，例如在镜头1中添加“水平运镜”，并调整数值为-7，如图10-17所示。

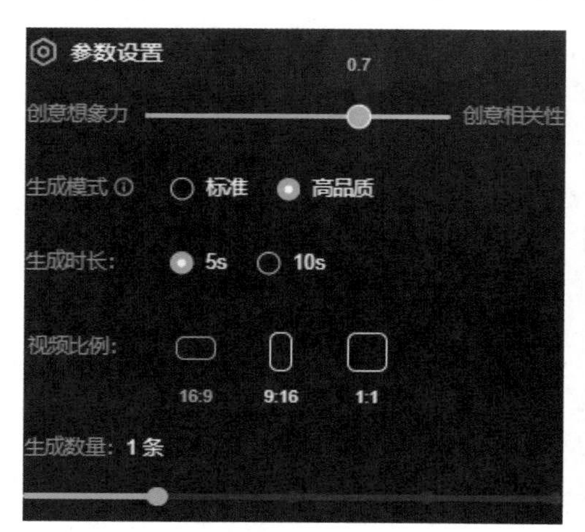

图 10-16

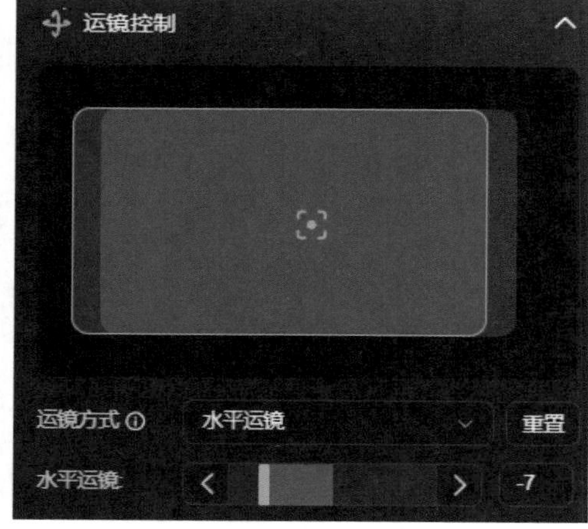

图 10-17

04 单击“立即生成”按钮，即可生成相应的视频片段，如图10-18所示。

05 按步骤01~04，将剩余的镜头都使用可灵AI进行生成，并单击“下载”按钮，将视频下载至本地，如图10-19所示。

图 10-18

图 10-19

10.2.4　用剪映进行后期制作

使用剪映进行后期制作是高效且简单的。它为用户提供了多种编辑工具和特效，适合初学者和有经验的创作者。下面介绍具体操作步骤。

01 打开剪映，单击“开始创作”按钮，上传生成的视频片段，如图10-20所示。

02 将视频导入轨道，然后通过调整时间轨道上的素材拼凑成完整的故事，如图10-21所示。

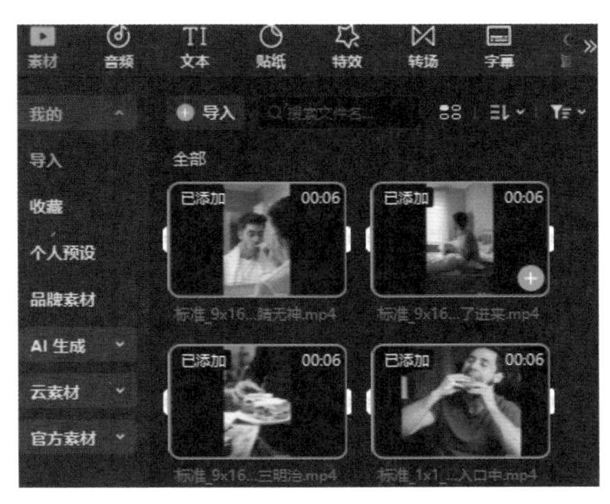

图 10-20

图 10-21

03 用户可以调整视频的倍速、画面缩放等，营造节奏感和强化视觉冲击，如图10-22所示。

04 单击“音频”按钮，根据主题类型选择VLOG，如图10-23所示。在右侧选择合适的音乐，单击“添加”按钮，将音频添加到视频剪辑窗口中，如图10-24所示。

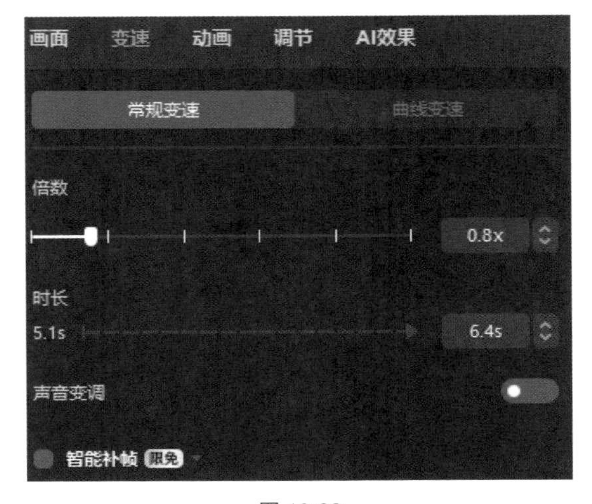

图 10-22

图 10-23

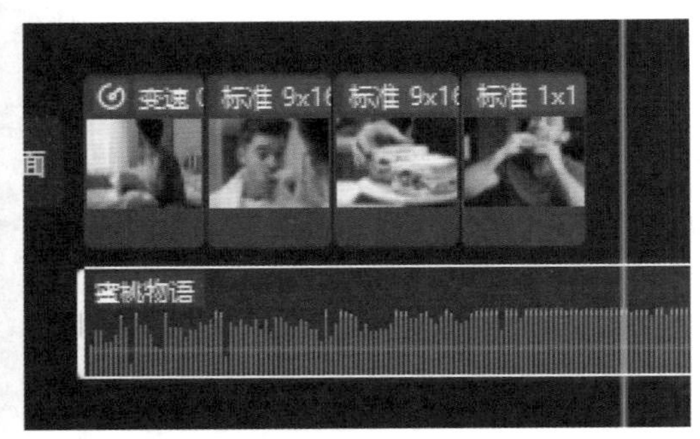

图 10-24

05 将时间线移至视频末尾，选中音频，分别单击“分割”和“删除”按钮，将多余的音频删除，如图10-25所示。

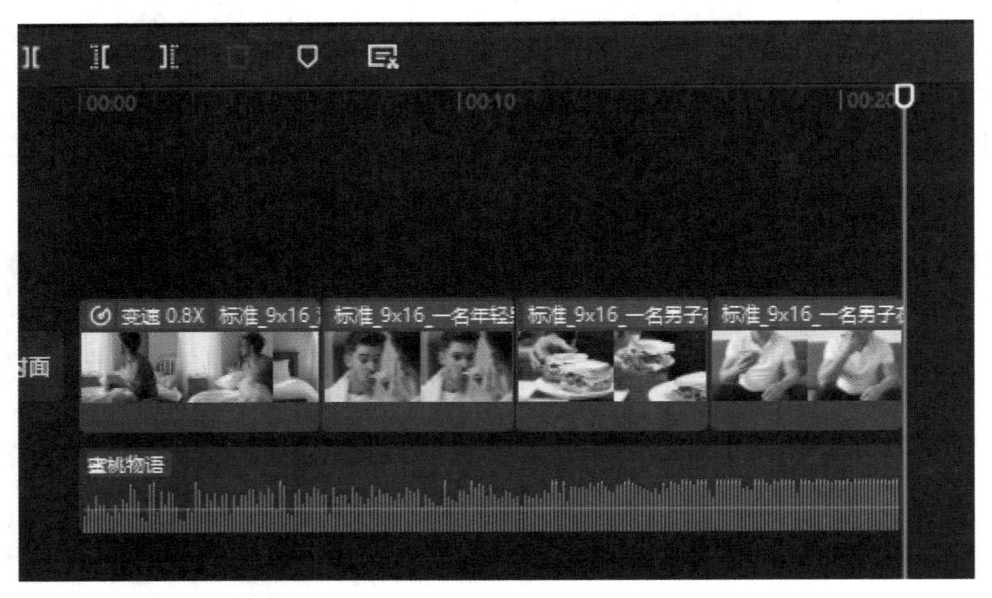

图 10-25

06 单击“文本”|“新建文本”，添加默认文本，并设置文本样式、字体、颜色、文本大小和位置等参数，如图10-26所示。之后大家可以采用同样的方法继续操作。

图 10-26

10.3　音乐 MV 制作

音乐MV（Music Video）是通过影像与音乐相结合，表达歌曲情感、故事或氛围的短片。使用AI工具制作MV是一种创新的方法，重点在于令AI生成的MV与音乐的风格、主题和情绪保持协调一致，以确保视觉内容与音乐的和谐统一，从而让观者获得视听享受。本节将以《水调歌头》作为歌词，演示如何用AI工具制作MV。

10.3.1　用文心一言将歌词生成描述

在使用文心一言生成描述前，需要对歌词整体意境有大致理解，以获得用于图片或视频生成的提示词，下面将使用文心一言来帮助完成这一工作。

01 打开文心一言，输入要求，具体内容和格式如图10-27所示。

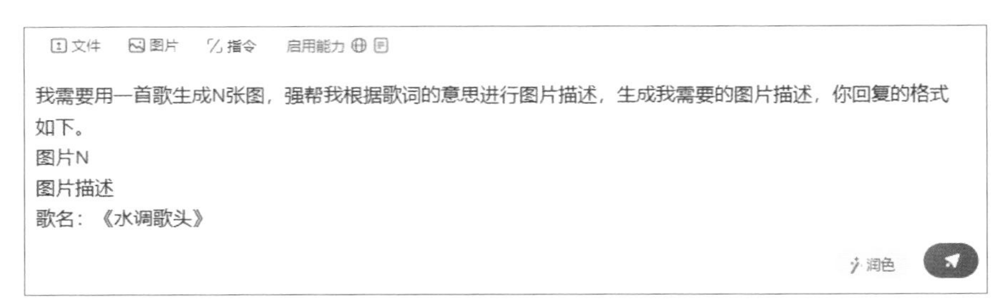

图 10-27

02 执行操作后，按［Enter］键输入即可。等待几秒后，文心一言提供了5张图片描述，如图10-28所示。

《水调歌头》作为经典诗词歌曲，其意境深远且富有哲理，以下是基于这首歌的歌词为您生成的五张图片描述：

图片1

图片描述：明月高悬夜空，清辉洒满大地，一位文人独自站在亭台之上，仰望苍穹，衣袂飘飘，仿佛在与明月对话，抒发着"明月几时有？把酒问青天"的豪情与思索。

图片2

图片描述：云雾缭绕的山峰之巅，一轮圆月缓缓升起，周围是飘渺的云海和隐约可见的山峦，宛如仙境。文人墨客或坐或立，于山巅赏月，体会着"不知天上宫阙，今夕是何年"的超脱与遐想。

图片3

图片描述：宁静的夜晚，江面波光粼粼，一叶扁舟轻轻摇曳，船上的文人手持酒杯，对月独酌，江风轻拂，带走了他的忧愁，只留下"我欲乘风归去，又恐琼楼玉宇，高处不胜寒"的复杂心境。

图片4

图片描述：茂密的森林中，月光透过树梢，斑驳地照在地上，形成一幅幅自然的画卷。文人漫步其间，感受着大自然的宁静与和谐，心中涌动着"起舞弄清影，何似在人间"的感慨与释然。

图片5

图片描述：辽阔的草原上，一轮明月低悬，与远处的地平线交相辉映。文人骑马缓行，望着那轮明月，心中充满了对未来的憧憬与希望，仿佛在说"但愿人长久，千里共婵娟"，愿远方的亲人朋友都能共享这美好的月光。

这些图片描述试图捕捉《水调歌头》中那种对自然的敬畏、对人生的思考以及对美好情感的向往，希望能够满足您的需求。

图 10-28

10.3.2 用可灵生成图片

使用文心一言生成图片描述后，接下来就是复制这些描述，然后粘贴至可灵"AI图片"界面中的"创意描述"文本框中，生成图片，下面介绍具体的操作步骤。

01 打开可灵主页，单击"AI图片"按钮，进入图片生成页面，在"创意描述"文本框中输入提示词"明月高悬夜空，清辉洒满大地，一位文人独自站在亭台之上，仰望苍穹，衣袂飘飘，仿佛在与明月对话，抒发着'明月几时有？把酒问青天'的豪情与思索。"如图10-29所示。

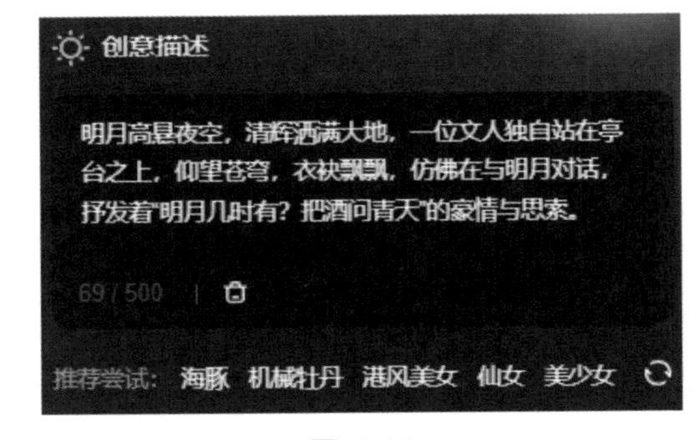

图 10-29

02 执行操作后，单击“立即生成”按钮，即可生成相应的图片，如图10-30所示。

图 10-30

03 根据步骤01～02，利用5段图片描述生成图片并下载至本地，得到素材，如图10-31所示。

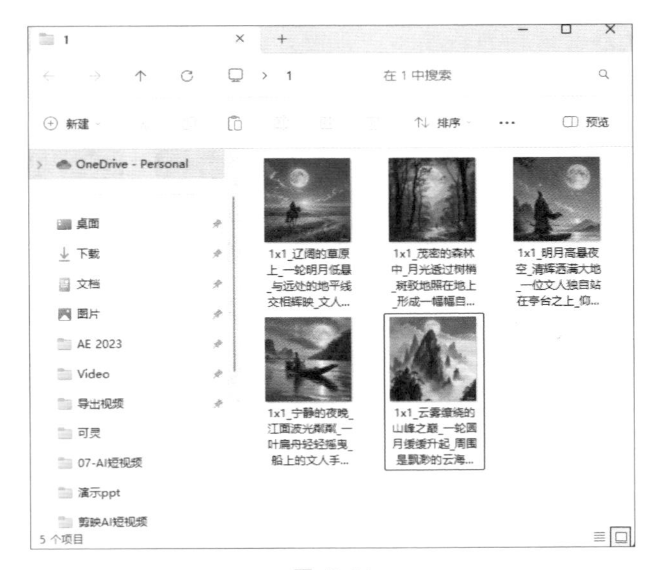

图 10-31

10.3.3 用剪映完成后期处理

下面介绍使用剪映对图片素材进行处理的详细步骤。

01 打开剪映，上传生成的图片素材，并将其添加至轨道中。将时间线拖至开头，选中第一张图片素材，给图片素材添加缩放关键帧，并将“缩放”调整至200%，如图10-32所示。

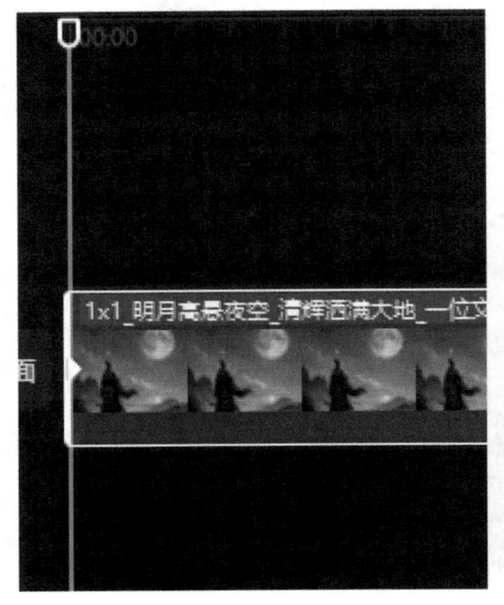

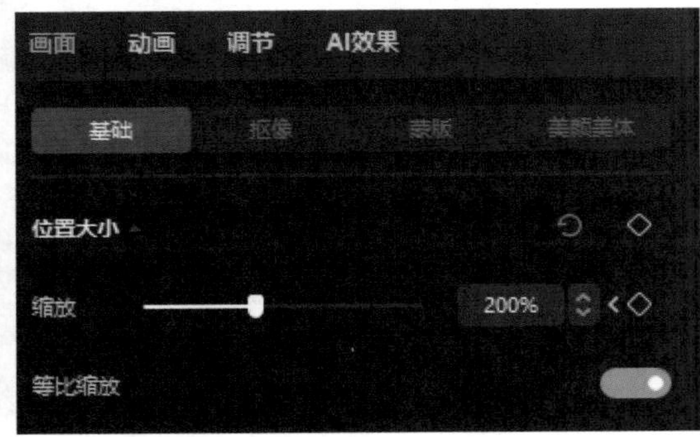

图 10-32

02 将时间线拖至第一张图片素材尾端，将“缩放”调整至100%，如图10-33所示，从而达到视野扩大两倍的效果。

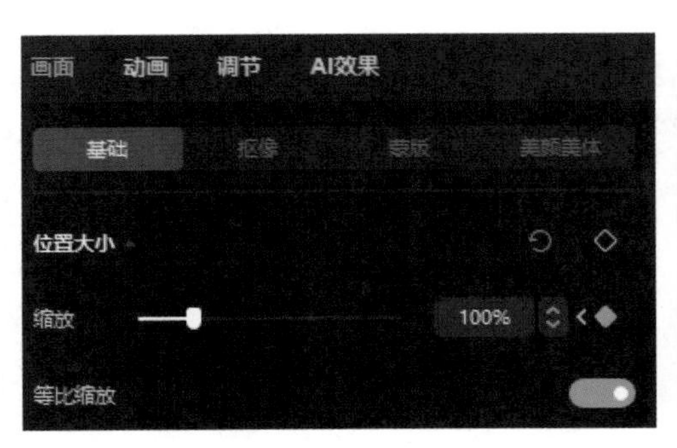

图 10-33

03 按照步骤01~02分别为后续图片添加关键帧，并设置“缩放”效果，如图10-34所示。

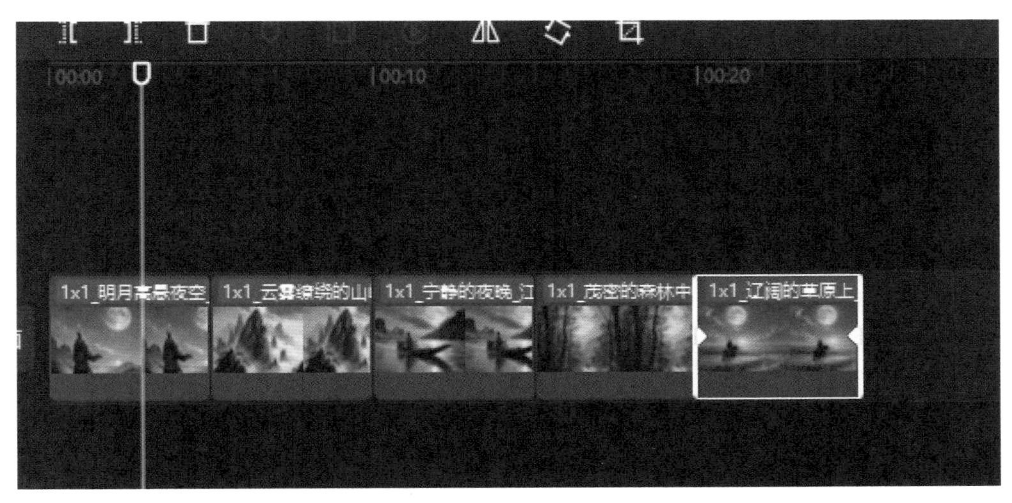

图 10-34

04 单击“音频”|“音乐库”中的“水调歌头”，将其添加至轨道中，如图10-35所示。

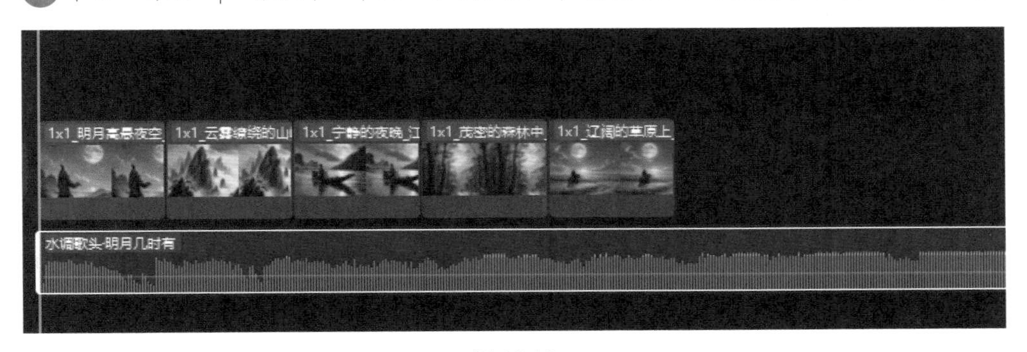

图 10-35

05 在音乐上单击鼠标右键，选择“识别字幕/歌词”命令，如图10-36所示。

图 10-36

06 执行操作后，即可自动识别音频中的歌词，并生成相应的字幕，如图10-37所示。

图 10-37

07 生成字幕后，如果对字幕的大小、颜色不满意，可以全选字幕，然后单击界面右侧工具栏中的“文本”按钮，对字幕样式进行调整。用户也可以通过动画功能，为字幕添加动画，如图10-38所示。

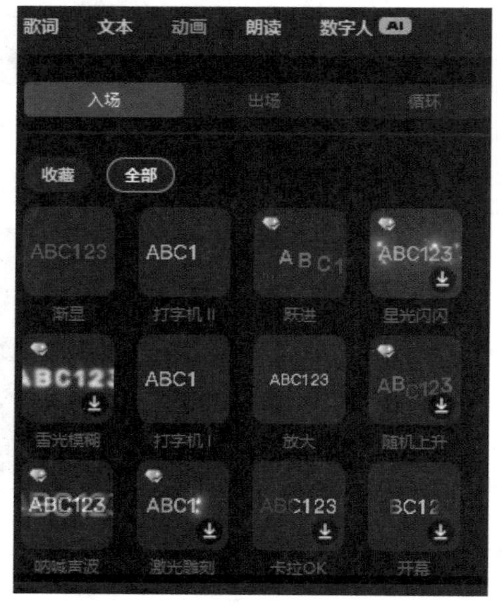

图 10-38

10.4 动态绘本制作

绘本，又称为“图画书”，以精致的插画和简洁的文字著称，构筑起通往幻想世界的桥梁。这类以儿童为主要受众的绘本，不仅能诉说充满情感的故事或传递知识，还能在不知不觉中提升儿童的多元智力。在色彩斑斓、生动有趣的插画的帮助下，儿童的阅读能力、观察能力、情感解读能力、创造力及思维能力都能得到加强。本节将介绍使用AI工具制作动态绘本的操作方法。

10.4.1　用文心一言准备绘本故事

本节将使用文心一言辅助创作绘本故事，下面是具体的操作步骤。

01 打开文心一言，在聊天对话框内，输入图10-39所示的内容。

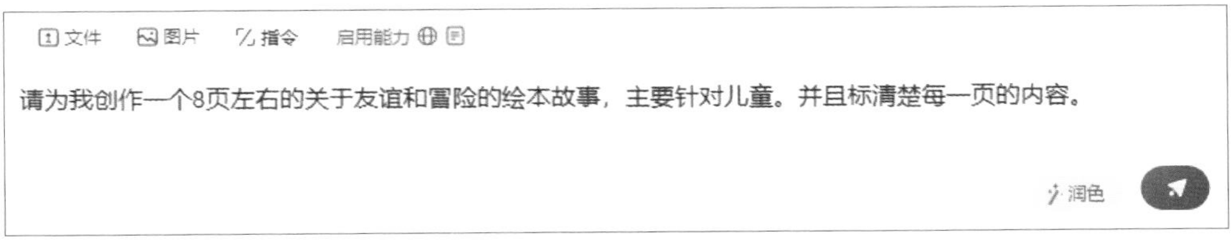

文件　图片　指令　启用能力

请为我创作一个8页左右的关于友谊和冒险的绘本故事，主要针对儿童。并且标清楚每一页的内容。

润色 

图 10-39

02 执行操作后，文心一言将生成一份绘本故事大纲，并对每页的文本和图像内容进行描述。注意：文心一言生成的内容难免会有错误，请仔细甄别。

绘本故事标题：小狐狸与小兔子的冒险之旅

页面结构：

针对儿童的友谊和冒险故事，插画将占主要部分，每页配以简短的文字叙述。

第一页：

插画：一个阳光明媚的早晨，森林中的小河旁，小狐狸和小兔子坐在一起，背靠背，脸上带着笑容。

文字：

“在一片宁静的森林里，小狐狸和小兔子是最好的朋友。它们每天一起玩耍，分享所有快乐的时光。”

第二页：

插画：小狐狸和小兔子望向森林的深处，那里有一条小路，路的尽头是神秘的远方。

文字：

“有一天，它们决定不再只在家门口玩耍，而是踏上通往森林深处的冒险之路。它们想要找到传说中的神秘彩虹瀑布。”

第三页：

插画：它们走进森林深处，树木越来越高，鸟儿在枝头唱歌，远处传来微风的声音。

文字：

“森林越来越密，小狐狸和小兔子互相扶持，虽然有点害怕，但它们相信，只要在一起，就不会有任何危险。”

第四页：

插画：小狐狸和小兔子遇到了一条宽宽的河流，河面波光粼粼，但没有桥。

文字：

“它们走呀走，来到了一条大河前。小兔子有些害怕，但小狐狸说：‘我们可以一起想办法！’于是，它们用树枝和藤条搭建了一座小桥。”

第五页：

插画：它们穿过了一片茂密的花丛，遇到了一只善良的蜜蜂，它指向前方的山峰。

文字：

“在穿越了美丽的花海后，它们遇到了一只友善的蜜蜂。‘彩虹瀑布在山那边，快去吧！’蜜蜂说。”

第六页：

插画：小狐狸和小兔子一起爬上了一座高高的山峰，远处隐约可以看到彩虹的光芒。

文字：

“它们继续前行，经过艰难的攀爬，终于站在了山顶。远远的，它们看见了美丽的彩虹瀑布，瀑布在阳光下闪耀着七彩的光芒。”

第七页：

插画：彩虹瀑布就在眼前，水花飞溅，七彩的光芒包围着小狐狸和小兔子，它们兴奋地跳起来。

文字：

“小狐狸和小兔子终于来到了彩虹瀑布前。那是它们见过的最美丽的景色！水花飞溅，彩虹像一条丝带绕在天空中。”

第八页：

插画：夕阳西下，彩虹仍然挂在瀑布上。小狐狸和小兔子手拉手，踏上回家的路。

文字：

“夕阳渐渐落下，小狐狸和小兔子带着美好的回忆回家了。它们知道，只要有彼此，未来的每一天都会是一个新的冒险。”

故事总结：

这个友谊和冒险的故事传达了勇气、团结和探索精神，告诉孩子们只要和朋友在一起，就能克服任何困难，并找到美好的事物。

10.4.2　用可灵生成绘本图与优化提示词

完成绘本故事的制作后便可以使用提示词来生成绘本图了。本节将详细介绍如何优化提示词，以获得精确的图片效果。

01 首先对由文心一言提供的对第一个画面的描述进行优化。因为生成的图片中主要包含一只小狐狸和一只小兔子，所以将第一幕的提示词更改为“早晨，一只小狐狸和一只小兔子，在森林的小河旁背靠背坐着”，如图10-40所示。

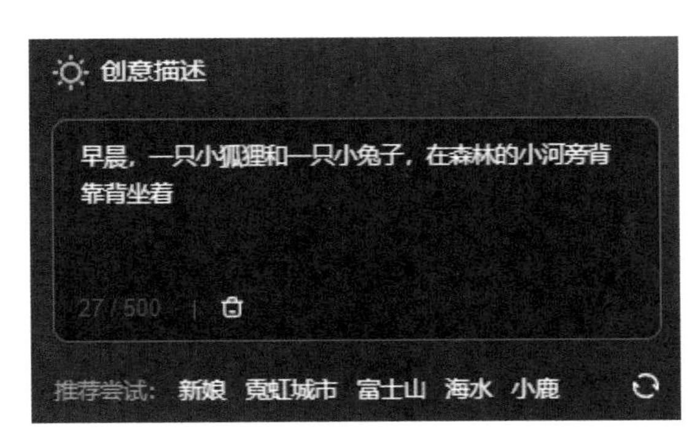

图 10-40

提示：考虑到绘本面向儿童群体，可以通过提示词将图片风格设定为比较可爱的类型，如卡通、皮克斯、迪士尼、涂鸦、水墨画、极简主义、扁平化设计和儿童绘本等。另外，除了风格关键词，还可以通过添加艺术家的姓名来进一步控制风格，如齐白石、吴冠中、安迪·沃霍尔、露西·格罗史密斯等。

02 完成优化后，加入适当的图像风格设定，如图10-41所示。

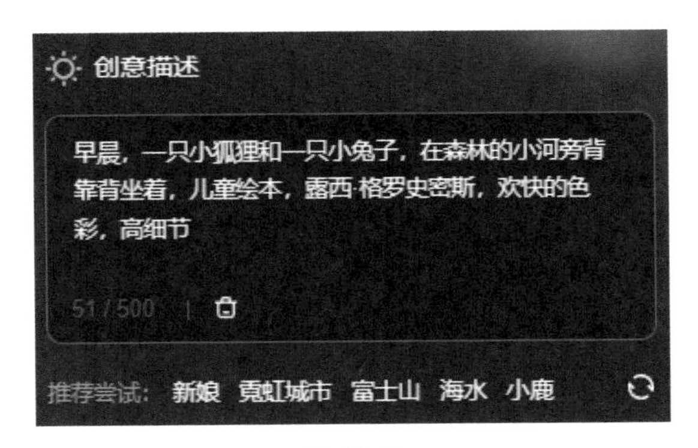

图 10-41

03 执行操作后，单击“立即生成”按钮，即可生成相应的图片，如图10-42所示，选择一张合适的图片，将其下载至本地。

图 10-42

04 按照步骤01~03，将后续图片都绘制出来，并标注序列号以防弄混，如图10-43所示。

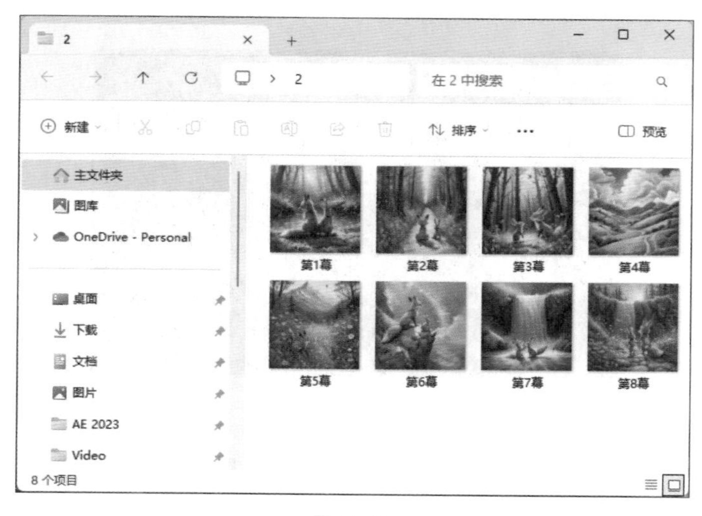

图 10-43

10.4.3　用可灵制作画面动态效果

下面利用可灵将静态的图片转化为视频，以制作动态绘本。在这个过程中主要使用可灵的图生视频功能。

01 打开可灵主页，单击“AI视频”按钮，进入“图生视频”页面，将第一幕的图片素材进行上传，如图10-44所示。

图 10-44

提示：这里可以自由发挥，使用可灵的创意描述、运动笔刷、参数设置等对生成结果进行控制，如图10-45所示。

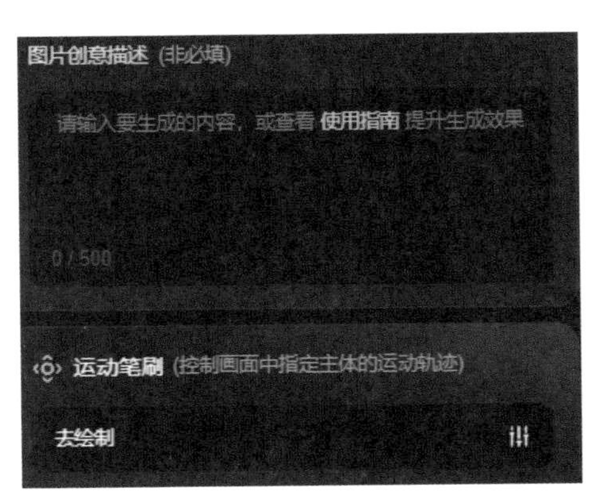

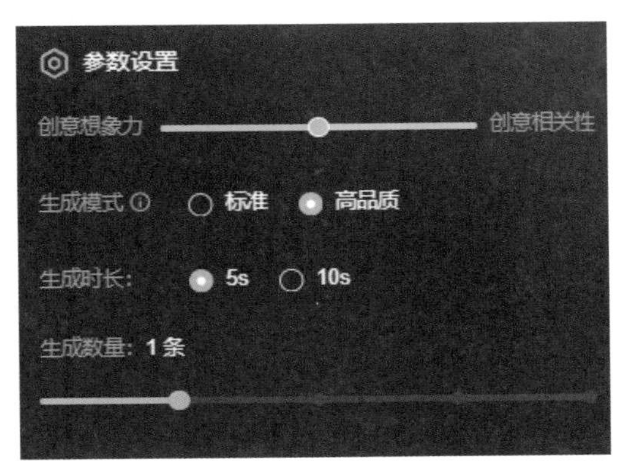

图 10-45

02 执行操作后，单击“立即生成”按钮，即可自动生成相应的视频，如图10-46所示。

03 按照步骤01~02，将后续的图片通过图生视频功能转换为视频，如图10-47所示。

0:04 / 0:05

图 10-46

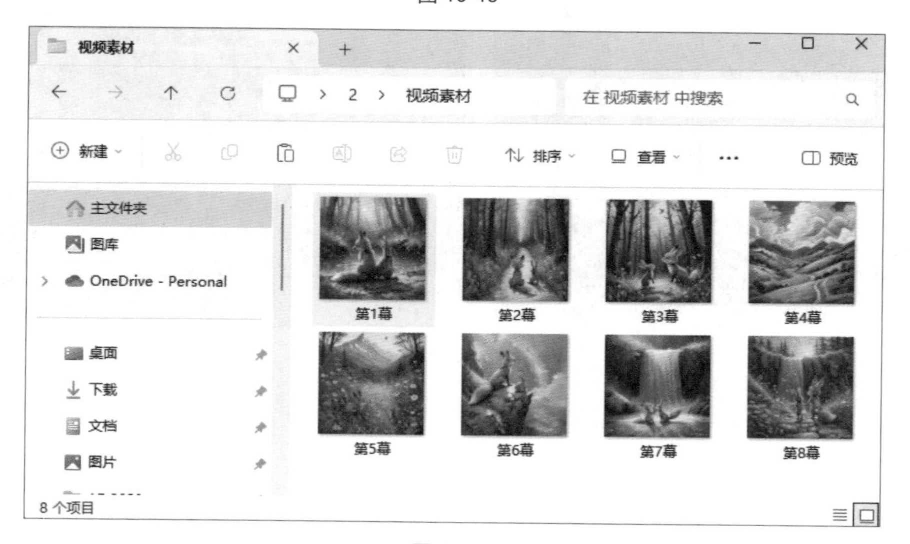
视频素材
2
视频素材
在 视频素材 中搜索
新建
排序
查看
预览
主文件夹
图库
OneDrive - Personal
桌面
下载
文档
图片
第1幕
第2幕
第3幕
第4幕
第5幕
第6幕
第7幕
第8幕
8 个项目

图 10-47

10.4.4　用剪映完成后期处理

图片和视频制作完成后，下面使用剪映完成动态绘本的视频剪辑和旁白生成工作，以增强动态绘本的视听效果。

01 打开剪映，导入预先制作好的视频并按故事发生的先后顺序进行剪辑。在界面左上角的工具栏中单击“文本”按钮，然后单击“新建文本”按钮，接着选择“默认文本”选项，如图10-48所示。

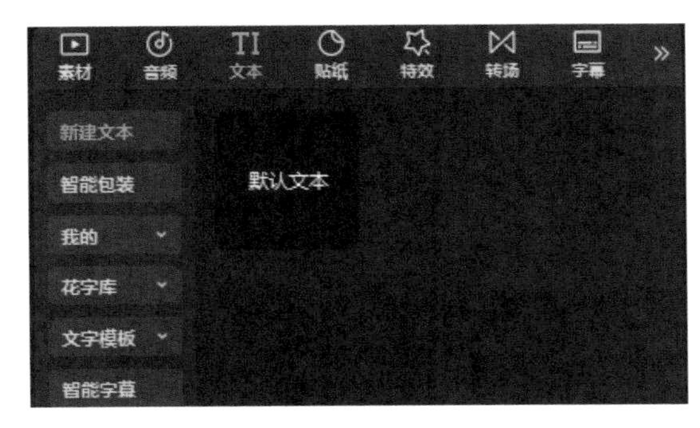

图 10-48

02 根据视频内容，输入与之相匹配的字幕。例如，第一段视频讲述小狐狸和小兔子是好朋友的关系，因此在文本框中输入“在一片宁静的森林里，小狐狸和小兔子是最好的朋友”，然后在右侧调整文本样式，并将文本移至画面中的合适位置，如图10-49所示。

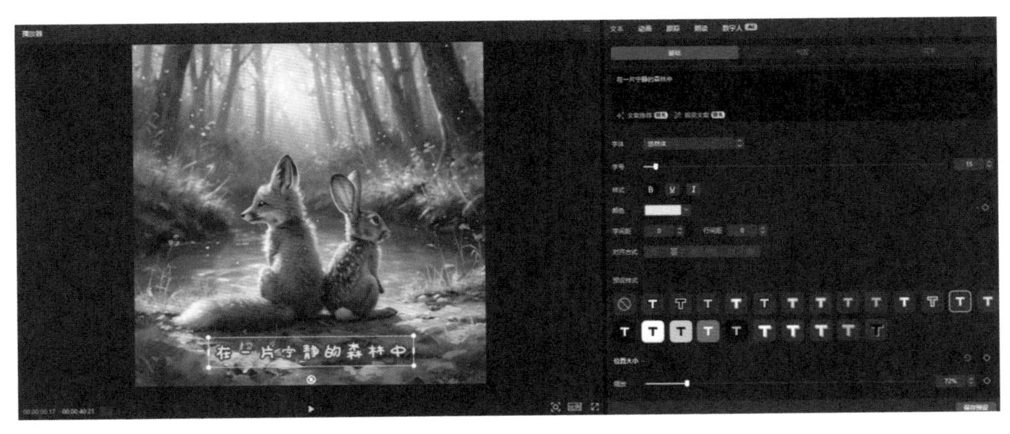

图 10-49

03 按照步骤01~02，分别为后续视频添加相应的字幕，部分画面展示如图10-50所示。

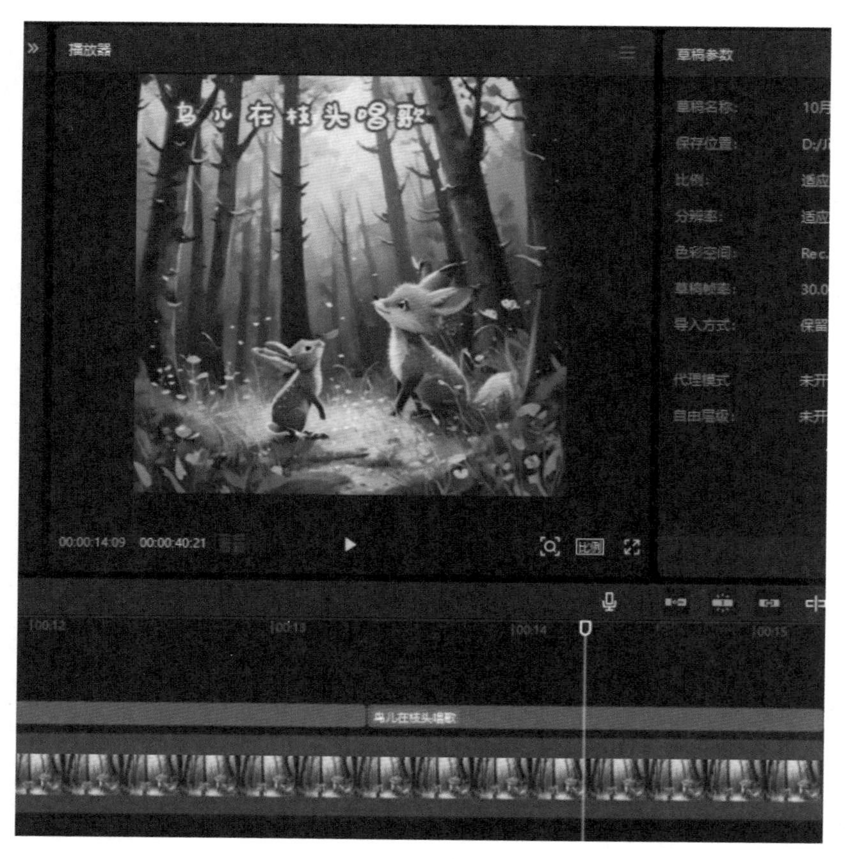

图 10-50

04 根据字幕生成旁白，选中一段文本，如图10-51所示。

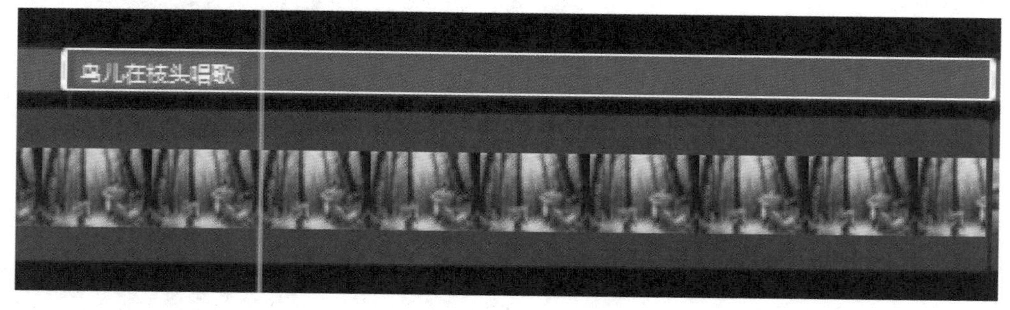

图 10-51

05 在界面右上角选择“朗读”功能，此时会出现很多种声音选项。因为现在做的是面向儿童的动态绘本，所以选择“少儿故事”选项，然后单击“开始朗读”按钮，剪映将自动生成一段旁白，如图10-52所示。

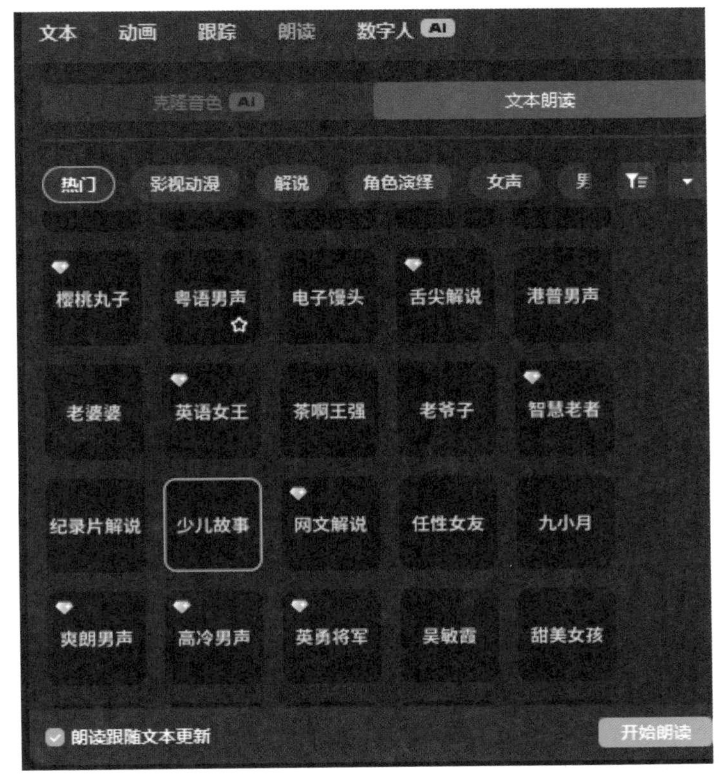

图 10-52

06 执行操作后，对旁白进行剪辑调整，确保声音、画面和字幕之间的完美配合，如图10-53所示。

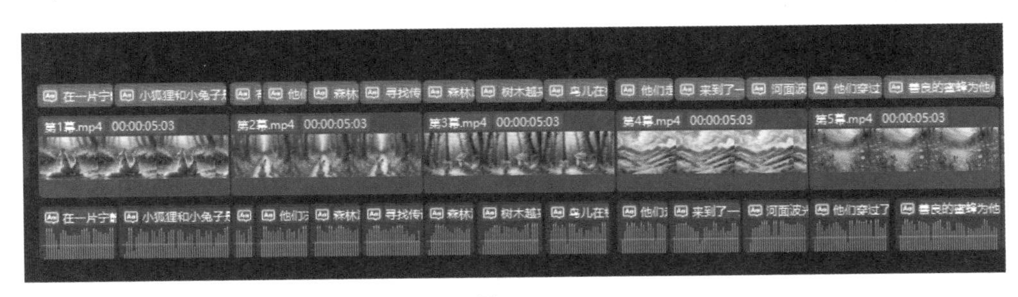

图 10-53

07 将时间线拖至两段素材中间，单击“转场”按钮，选择“幻灯片”中的“翻页”转场，如图10-54所示。

08 执行操作后，将翻页转场时长调整至1s，得到的转场效果如图10-55所示。之后按照相同的方式给后续素材添加转场效果。

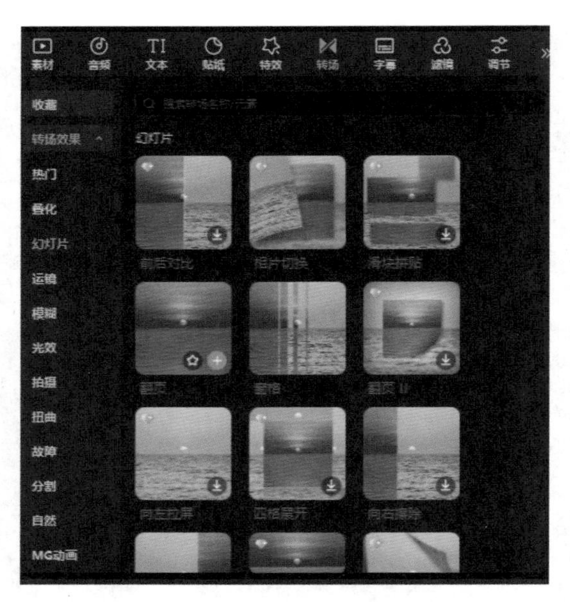

图 10-54

图 10-55

接下来可以添加喜欢的背景音乐，使动态绘本更具吸引力。剪辑完成后将其导出即可。